檔案

一部個人史

The File

A personal history

提摩西・賈頓艾許 著
Timothy Garton Ash

侯嘉珏 譯

目錄

導讀

出賣作為一種美德

梁文道

一九八〇那一年，提摩西．賈頓艾許（Timothy Garton Ash）還是一個在東柏林當交換生的英國青年。有一天晚上，他和當時的女友安德莉亞一起躺在床上，忽然她站了起來，把衣服脫光，走到面對街道的窗戶旁邊拉開窗簾，接著又開了足以點亮整個房間的大燈，然後才回到床上。這個舉動似乎沒有什麼太深的含義，頂多是年輕人那種沒來由的浪漫罷了。可是近二十年後，已在牛津大學教授歷史，同時替英國各式報刊撰寫評論及報導的賈頓艾許，卻對這件小小的往事產生了不同的看法。他懷疑安德莉亞其實是「德意志民主共和國」安插在他身邊的線人；她那天晚上脫衣服開窗簾，為的是要方便外頭的同夥拍照。

他之所以生起這種疑慮，是因為他看到了當年東德國安部（Ministerium für Staatssicherheit，簡稱MfS，更常為人所知的是其俗稱「史塔西」，Stasi）的一份檔案。這份檔案的封面蓋著「OPK」三個字母，意思是「作戰性個人管制檔案」（Operative Personenkontrolle）。而「作戰性個人管制」，根據東德的《政治作戰工作辭典》，它的意思是「辨識可能違反刑法，可能抱持敵意負面態度，或可能被敵人基於敵對目的而利用的人」（德國人似乎對任何事物都能給出精確定義，就連情報工作也不例外，所以才會有這麼古怪的辭典）。此類管制的目的，最簡單的講法，就是要回答「誰是誰」的問題。而關於賈頓艾許的「作戰性個人管制檔案」，就是當局對這個問題的答案。

類似賈頓艾許手上這樣的檔案還有很多，將資料夾豎排起來，可以長達十八公里。這也難怪，史塔西大概是人類史上網絡發展得最龐大也最嚴密的國安機構，其正式雇員就有97000人，非在職的線民更有173000人。若以東德人口估算，平均每五十個成年人當中，就有一個和史塔西相關，若非直接替它工作，便是間接為它服務。在這樣的一張大網底下，當年東德老百姓的生活真可謂無可逃於天地間。「史塔西」如此規模，不只蘇聯的「克格勃」（KGB）遠比不上，就連納粹時代的「蓋世太保」也要自嘆不如。東德的這一系統實在堪稱完善，至少理論上它應該很清楚每一個國民「誰是誰」，知道他們在幹什麼想什麼。饒是如此，最後它也還是逃避不了傾覆的命運，這是不是一個教訓呢？這個教訓的第一個意義是，再鉅細無遺的維穩體系原來也無法挽救一個腐敗的體制（掌握一切的「史塔西」當然知道東德的腐敗，它的頭目梅爾克（Erich Mielke）便曾親口對下屬憤怒地指出「德意志民主共和國是一個腐敗的國家」）。它的第二個意義是，原來東德幹得還不夠出色，它們的工作應該再聰明一些細緻一些才對。至於哪一個教訓更加重要，這就得看要領會這份教訓的人是誰了。說來奇怪，雖然「史塔西」清楚東德的腐敗，但它好像沒有意識到自己也是造成腐敗的原因之一，而且它所造成的腐敗可能還是比普通的權錢交易更加深層的腐敗。那種腐敗就是人際關係與社會道德的腐敗。

東德垮台之際，柏林有一大群市民衝向國安部大樓，想要占領這座掌握一切國民資訊因而也叫一切國民恐懼的建築。建築裡頭則是一群手忙腳亂的特工，他們正趕著銷毀最機密的材料。不知是幸抑或不幸，絕大部分檔案都被留了下來，現歸「高克機構」（Gauck Authority）管理。這個機構負責保存「史塔西」留下來的檔案並將之分類，允許所有前東德國民調閱有關自己的檔案。

後果顯然易見，一百多萬人提出申請，想要看看「史塔西」有沒有關於自己的檔案，其中又有近五十萬人確實看到了這種材料。在這些材料當中，他們就像看老日記似的重新發現了自己，並且是人家眼中的自己。所謂「人家」，指的是他們的同事、同學、鄰居、朋友、親人，乃至於最親密的伴侶。於是有學者失去教職，因為他曾在過去向當局舉報同行，害得後者失業；有人被迫遷居，因為他曾偷窺狂似的監視鄰家的一舉一動；有些人離婚，因為他的另一半正是當年害他坐牢的「史塔西」線人；更有些人自殺，因為他們的子女發現自己竟然被父母出賣，自此斷絕關係。

在這種情形底下，賈頓艾許懷疑起自己的前女友，實在是情有可原。那時他正在牛津攻讀史學博士，論文題目是第三帝國時期柏林市民的日常生活，為了搜集資料前赴東柏林留學。等他到了之後，便發現歷史即在眼前，遂把關注範圍移向當代。後來他以研究和評論德國及中歐事務聞名，得知「史塔西」密檔公開，自然想要回來查看自己是否屬於「作戰性個人管制」的範疇，同時加深了解他所喜愛的德國，以及看看當局對於「他是誰」這個問題的答案。取得檔案之後，他以熟練記者的技巧逐一回訪監視過他的線人（也就是他當年的朋友）和負責聯絡那些線人的「史塔西」官員；又以歷史學家的素養細心檢索相關文獻，解釋其中的出入與歧義。這趟使人不安的回溯之旅，就是《檔案》這本書的主線。它是本奇怪的自傳，在自己的日記和記憶，以及他人的祕密報告筆錄之間穿梭來回。它又是本微觀史述，恰如賈頓艾許自言，為那個前所未見的系統和在它管轄下的社會「開了一道窗口」，令讀者得以稍稍掂量「警察國家」這四個字的實際分量。

不難想像這本書以及其他一切近似體驗當中的情緒：發現事實之後的震驚，被出賣之後的痛苦，被背叛之後的不信任，被揭發之後的沮喪、自責與否認。所以很多德國人都說「夠了」，應該停止「高克機構」的檔案公開工作，它已經毀掉了太多太多人的生活、工作和關係，過去的且讓它過去，歷史的傷口就留待遺忘來修復好了。不過，這並不是今日德國人做事的風格，何況這是個在短短幾十年內經歷過兩次極權統治的國家。包括賈頓艾許在內的許多學者都認為，東德之所以能夠建立起如此驚人的祕密警察系統，是因為它有一個在納粹時代打下的告密文化基礎，所以德國不認真清算自己的歷史是不行的。中國人總是喜歡比較德國和日本，誇獎前者坦白對待納粹的罪行，卻又總是有意無意地忽略了他們近二十年來在處理東德歷史上的細緻（儘管很多德國人還是認為做得不夠徹底）。

與其抱怨「高克機構」的做法過火，不如想想這一切問題的源頭。難道沒有它，前東德的百姓，就會繼續擁有一個比較健康的生活嗎？不，他們很可能只會繼續猜疑下去。就像書裡頭一個老頭的告白：「至少我能立遺囑了。過去我覺得我女婿一直都在密告我，然後我對自己說：媽的我會把房子留給你才怪。但是現在我就能放心了。」除了這個老人，當年到底還有多少人懷疑過自己身邊的人呢？這種事情並不是你不把它挖清楚就會不存在的。「史塔西」的存在正如所有對付自己國民的祕密警察，既祕密又顯眼，它以祕密的行動公然宣示自己的力量，如此方能在人人心上種下恐懼的種子。恐懼，乃是這種體制的基石。它的雙重性質要求國民也要以雙重態度來對待它，在表面上愛它愛得要死，在心裡則怕它怕得要死。結果是一群表裡不一、心中多疑、彼此提防的原子化個體；這就是它的深層腐敗，東德政權大廈的散砂地基。

對「史塔西」而言，恐懼不只是用來對付一般百姓的利器，它還是吸收線人為己工作的有效手段。賈頓艾許就找到了一個純粹出於恐懼才來監視他的線民。這人竟然是個英國人，一個老共產黨員，在東德娶了太太，住了下來。「史塔西」大概覺得他的身分很好利用，於是開門見山地威脅他，謊稱「他們從西柏林的一本有關西方情報組織的書中發現了他的名字」。這麼一來，他就得藉著合作來證明自己的清白了。否則的話，他會被驅逐出境，和他的太太永遠分離。

又有些時候，恐懼出現的形式並非如此具體。比方說這本書裡頭其中一個色彩最豐富的線人「米赫拉」，面對賈頓艾許二十年後的質問，她坦承自己的恐懼：「私下大家都對他們怕得要死，所以有人藉著閒聊、提供各種無害的細節，以試圖洗刷自己的嫌疑，表現出自己有多麼合作。」這句話有意思的地方在於它點出了一種更廣泛的恐懼，似乎每一個人都會暗暗擔心體制對自己的看法，都想知道自己在當局眼中到底是不是個危險的人。於是一旦他們真的找上門來要你合作，你反而變得放心了，並且想用積極的表現去換取生活當中最基本的安全感。

利用人類本能需要，正是「史塔西」以及它所捍衛的體制成功的原因。還是這個「米赫拉」，身為畫廊經理，她時時需要出國看展交易，這本是很自然的職業需要；然而，在人民沒有出入境自由的東德，它就成了特權與誘餌。和「史塔西」合作，「米赫拉」可以換取這種在很多外國人看來十分尋常的權利，去美國看展覽，到西歐去開會。和當局合作，得到的並不一定是什麼錦衣華服，不一定是什麼權勢地位；在這種體制之下，合作所換來的往往就只是這樣或那樣的「方便」而已。

一旦開始合作，那就是一條灰度無限延展的道路了，你很難知道界限何在，很難把握話該說到什麼程度才不會太過違背自己的原則與良知。有些線人會試著把「史塔西」要求的報告變成自己「從內部發揮影響」的手段，長篇大論地分析局勢，與負責跟自己接頭的特工探討國家政策的問題。可是到了最後，對方真正關注的其實全是他自以為不重要的「無害」細節，比方說某某人最近在什麼地點說過什麼話，某某人又在什麼時間見過什麼人；他們不必你為國家出謀獻策，只想要你提供大量的事實資訊，一些能夠讓他們在既定框架下分類整理、詮釋分析的材料。多數線人都以為自己「覺悟」很高，給出來的東西不會害人；可是你怎能知道「史塔西」將會如何使用和判讀你那些不傷大雅的資訊？「米赫拉」在和接頭人談話的時候便常常以為自己只不過是在聊天，「以表現自己是一名好同志、忠誠的公民、『事無不可告人者』」。所以她說的都是一些閒話。或許她從來沒有想到，所有她說的一切，都被如此詳細地記錄成文字」。對方也許只不過是輕鬆地問一句：「你繼女最近怎麼樣了？」她則輕鬆地招出繼女有個西德男友；如此閒散的家常話，可能會帶來她想也想不到的後果。

雖然大家活在同一個世界，面對同一組事實，但每一個人理解這個世界和構成它的事實的角度是不同的。「史塔西」這類機構看待世界的方法很簡單，那就是辨識敵人，找出引致風險的因素，於是他們解讀事實的心態就會變得很不簡單了。賈頓艾許去「米赫拉」管理的畫廊欣賞包浩斯展覽，對這個展覽十分著迷，由是不免奇怪這麼好的展覽為什麼不出畫冊。很自然的問題是不是？可是你看「米赫拉」她們怎麼理解：「這問題的提出暗示，G（賈頓艾許的代號）希望能夠從IMV（線人米赫拉的簡稱）口中聽到，因為文化政策的關係，這種事是不可能的之類的話。」

賈頓艾許是英國人，這個身分在「史塔西」眼中已是先天命定的嫌疑人。看他像是「壞人」，他就會越看越有「壞人」的樣子，其一言一行全都只會加重他的嫌疑。慢慢地，他就成了「案子」，必須專案處理專人負責。於是一場朋友間的暢談打成報告交上去，「史塔西」

人員會用慧眼看出它的「軍事作業價值」。賈頓艾許在東德四處走動，找人聊天，有時會透過已識的朋友來結識人，有時以英國媒體記者的名義提出正式採訪，又有些時候則回到留學生的身分；在「史塔西」看來，這種本來很正常的多樣身分（誰沒有好幾個身分？誰不會用不同的身分來對應不同的處境與圈子？），竟然就是三道「幌子」，更使得賈頓艾許「具有高度嫌疑」。在他們的檔案紀錄裡頭，他們還會把賈頓艾許替之撰稿的英國雜誌主編稱為他的「長官」。看到這個「有非常明顯的上下等級含意」的詞，賈頓艾許不禁感慨：「他們才生活在每人都有長官的世界之中。然而，他們竟將這種概念套用到我身上。」在風平浪靜的海面上讀出雷暴的預示，無事變成小事，小事衍成大事；每一個人背後都另外有人指使，每一個行動背後都別有深意。這就是「史塔西」這種機構看待世界的原則。

賈頓艾許在這本書裡表現得相當坦誠。正因如此，讀完之後，我居然感到當年「史塔西」對他的懷疑原來還是有些道理的。因為他就像當年那些典型的西方記者，同情他們在東歐認識的異見份子，在能力範圍內會儘量協助他們。他又是那種典型的公學出身的牛津人，嚮往過有著輝煌傳統而又優雅神的英式間諜生涯，一度報名加入「MI6」（「軍情六處」），英國對外情報單位），甚至因此在英國安全部門留下了「自己人」的檔案。這人分明就想東歐社會主義陣營垮台，而且就連英國相關部門都誤會他是能和他們合作的「朋友」，「史塔西」監控他又有什麼錯呢？

是的，他們沒錯。問題只在於「史塔西」不只監控有嫌疑的外來人員，他們還監控自己人——每一個東德國民。就像曾經引起關注，拍得十分好萊塢的那部電影《竊聽風暴》（直譯為《他人的生活》）所顯示的，這本書裡的每一個人都可能會被監視，也都可能正在監視他人；於是他們難免就得出賣以及被出賣。被出賣的人，有時候可能只是個侍應，因為服務態度不善，充當線人的客人就把他寫進報告，利用這小小權勢惡意報復。更常見的情況則是出賣身邊的朋友，工作上的夥伴，隔壁家的少年，甚至自己的女婿。一個人該當如何理解這林林總總的出賣？難道出賣和背叛（背叛信任、背叛友情、背叛愛情、背叛親情……）也能夠是對的嗎？賈頓艾許注意到凡是受訪的涉外情報人員，皆能理直氣壯地描述自己的工作，因為去外國當間諜，還在傳統的道德框架之內，是無可置疑的衛國行動。可是反過頭來看管自己人的線人和特工就不同了，面對質問，他們往往要不就是否認，要不就是轉移責任。

自古以來，幾乎任何文化都找不到把背叛和出賣看作目的價值體系。尤其中國，例如孟子那句名言：「舜視棄天下猶棄敝也，竊負而逃，遵海濱而處，終身然，樂而忘天下」，可見儒家絕對不能接受對任何天然情感聯繫的背叛。所謂「大義滅親」，可能是後來皇權時代才有的想法；即便不是，那也只限於少數個案而已。只有到了二十世紀，我們才能見到這麼大規模的告密、揭發、舉報和出賣，而且全都不再需要羞愧。它們非但不可恥，反而還很光榮，因為整套價值必須重估，在嶄新的最高原則底下，它們破天荒地成了美德。於是每一個告密者都能為自己的脆弱找到最大義然的理由，讓自己安心；每一個出賣過其他人的，也都能在事後多年把往事推給那個時代的道德錯亂。

獻給
D、T與A

姓名小記

本文中的以下姓名皆為化名：安德莉亞（Andrea）、克勞蒂亞（Claudia）、華而不實的哈利（Flash Harry）、丹克爾女士（Duncker）及R女士。我單憑史塔西檔案中的別名，便證實了「米赫拉」（Michaela）、「舒爾特」（Schuldt）和「史密斯」（Smith）這三名線人的身分。若有人試圖揭露用起這些名字的人究竟是誰——在少數案例中，這並不難——我會請求他們別這麼做，因為箇中緣由已經不言可喻。

「Guten Tag（您好）。」活力充沛的舒茲女士說著，「你的檔案很有趣喔。」這就是了，暗黃色的檔案夾，厚約兩英寸，封面還以橡皮章蓋上「OPK-Akte, MfS, XV2889/81」的橡皮圖章。檔管人員在其下方以整齊的字跡寫上「羅密歐（Romeo）」。

羅密歐？

「對，那就是你的代號。」舒茲女士咯咯笑著如是說。

我坐在舒茲女士所處前德意志民主共和國（German Democratic Republic，簡稱ＧＤＲ，即東德）國家安全部檔案聯邦管理機構（Federal Authority for the Records of the State Security Service）——即檔案局——中一處擁擠房間內的小塑料木桌旁。當我翻開檔案夾，我不禁想起自己在東德生活時詭異的一刻。

一九八〇年，我還是學生，人在東德。有天晚上，我帶著女友回到我所租在普倫茨勞貝格區（Prenzlauer Berg）威漢米內（Wilhelmine）破舊又廉價的公寓房間裡。這間房間視野很好——可以一窺房裡的那種視野，它有著大片的落地窗，窗外就是陽台，而且要是沒有網眼簾遮擋，住在對街的人便可直接看進房內。

當我倆在狹窄的床上相擁，安德莉亞驟然把我推開，脫光衣服，逕向窗戶走去，拉開網眼簾，又接著打開耀眼的大燈後，才回到我身邊。這番場景要是發生在牛津，我可能會有點訝異於明亮的光線與拉開的窗簾，但這裡是柏林，因此我未作他想。

是了，直到我得知有這份檔案，我才回憶起這一瞬間，開始懷疑安德莉亞是否為史塔西（Stasi，即東德的祕密警察）工作，還有她拉開窗簾是否旨在讓對街得以拍下我倆的照片。

或許，當時的照片就潛伏在這份舒茲女士已檢視過的檔案夾裡。她方才是怎麼說的？「你的檔案很有趣喔。」

我迅速翻過檔案頁面，發現裡頭並沒有這類照片，安德莉亞也似乎不是線人，讓我鬆了口氣。但卻有其他事情讓我為之一顫。

舉例來說，這裡有份觀察報告，顯然是描述我在一九七九年十月六日十六時〇七分到二十三時五十五分期間前往東柏林的經過。這一天，史塔西給我所取的別名為「246816」，這可就沒那麼浪漫了。

16:07

「246816」在離開柏林腓特烈車站（Bahnhof Friedrichstrasse）的跨境處後，便進入監視範圍。被監視人走向前站中央大廳的報攤，買了份《自由世界》（*Freie Welt*）、《新德國》（*Neues Deutschland*）和《柏林時報》（*Berliner Zeitung*）。目標（也就是我）貌似尋找什麼，在車站四處徘徊。

16:15

「246816」在前站大廳見到一名女性，與她握手，並親吻她的臉頰。這名女性代號為「貝雷帽」（Beret）。「貝雷帽」揹著一只深褐色單肩皮包。他倆雙雙離開車站，邊走邊聊，一路往布萊希特廣場（Brechtplatz）上的柏林劇團（Berliner Ensemble）而去。

16:25

雙雙進入餐廳

甘尼曼（Ganymed）

柏林米特城中區（Berlin-Mitte）

造船工人大街劇院（Am Schiffbauerdamm）

約莫兩分鐘後，被監視的兩人離開餐廳，走過腓特烈大道（Friedrichstrasse）和菩提樹下大街（Unter den Linden），抵達歌劇院咖啡廳（Operncafé）。

16:52

「246816」與「貝雷帽」進入餐廳

歌劇院咖啡廳

柏林米特城中區

菩提樹下大街

他們坐在咖啡廳裡喝咖啡。

18:45

他們離開咖啡廳，走向貝貝爾廣場（Bebelplatz）。從

18:45

到

20:40

他們興致盎然的看著紀念東德建立三十週年所舉辦的聖火傳遞，之後「246816」與「貝雷帽」沿著菩提樹下大街（和）腓特烈大道行走，直到造船工人大街劇院所位在的街道。

21:10

他倆進入那裡的甘尼曼餐廳，在餐廳裡未受監視。

23：50

雙雙離開那所美食機構，逕向腓特烈車站跨境處的出境大廳而去。

23:55

進入跨境處。「貝雷帽」的資料傳送至第六總處（Main Department VI）確認身分。監視結束。

目標「246816」之個人描述
性別：男
年紀：二十至二十五歲
身高：約一米七五
體型：精瘦
髮色：深金黃，短髮
穿著：綠色夾克，藍色圓領套頭衫，褐色燈芯絨褲

關係人「貝雷帽」之個人描述
性別：女
年紀：三十至三十五歲
身高：一米七五至一米七八
體型：苗條
髮色：中金黃，鬈髮
穿著：深藍布質外套，紅色貝雷帽，藍色牛仔褲，黑色長靴
配件：深褐色手提包

我坐在那裡，就在小塑料木桌旁，對於如此鉅細靡遺的重建起我人生中的某一天，還有足以讓我回憶起學校作業裡「句子不可沒有動詞」、「使用『美食機構』這類矯飾變化詞」的風格，都讓我詫異不已。我猶記呈現出金紅色、骯髒凌亂的甘尼曼餐廳與豪華的歌劇院咖啡廳，在三十週年閱兵典禮分列式上身穿藍衫、長有粉刺的年輕人，還有他們浸透石蠟的火把在夜晚迷濛的空氣中拖曳著火光。我又再次嗅到東柏林的特殊氣味，好似混雜了當地舊式鍋爐在燃燒壓縮煤屑球的煙味、東德所生產的拖本小型車二衝程引擎所排出的廢氣、廉價的東歐香菸、潮濕的長靴以及汗水的味道。但有件事我就是想不起來：我的小紅帽，她是誰？或許她並不小，一米七五到一米七八，幾乎和我一般高。苗條，中金黃色鬈髮，三十至三十五歲，黑長靴？我坐在那，就在舒茲女士充滿好奇的眼神下，感受到我對往日的歲月竟是如此不忠。

直到返家，位於牛津的那個家，我才藉由讀起當時的日記，找出她究竟是誰。實際上，我曾談過一場短暫、濃烈卻不愉快的戀愛，而我在此刻發掘到有關過去那段戀情日日夜夜互通電話、書信往來以互訴情衷的完整紀錄。在我日記本背面怎會夾著兩封她的來信，而且還小心翼翼的收在蓋有「魚雁往返．保持聯繫」郵戳的信封裡。其中一封信裡摺有一張黑白照，那是她在我們分手之後寄給我的，好讓我留個念想。蓬頭亂髮，高顴骨，笑起來有點緊繃。我怎麼可能忘得了？

我在一九七九年十月那天的日記裡，寫著克勞蒂亞「戴著紅色貝雷帽，身穿藍色制服風衣，看上去挺時髦的」。日記上還寫道，「經過腓特烈大道，一路搜身搜到我的鞋底（杜克鞋〔Duckers〕，警官印象深刻）」，現在我想起來了，在腓特烈火車站下的地下崗哨，有位身穿灰色制服的警官將我帶入掛著布簾的小隔間，要我把口袋裡的東西全數掏出放上小桌，逐一檢視，甚至還問起能否看看我的袖珍日記本。然後，他命令我脫下從牛津特爾街（Turl Street）的杜克鞋店（Ducker & Son）所買來的褐色厚重皮鞋，並往鞋裡探了探，接著在手裡掂了掂重量後，說了句「好鞋」。

「跟克勞蒂亞一路手勾著手、臉貼著臉走向歌劇院咖啡廳。」日記續寫道：

越來越親密了……聖火傳遞。東風凜冽。兩人的溫暖。這迷宮——繞著圈子。溜過柱子，躲過警察。最後抵達「甘尼曼」。晚餐還過得去。克勞蒂亞又說起她的「Jobben（打工）」。她的政治活動。我們穿過腓特烈大道，回到迪納餐廳（Diener's）。約在凌晨三時回到維蘭德街（Uhlandstr）。丹尼爾（Daniel）在公寓門口一臉蒼白、氣急敗壞——他被鎖在門外了！

丹尼爾・強森（Daniel Johnson），亦即作家保羅・強森（Paul Johnson）之子，如今在美國《時代雜誌》早已鼎鼎大名的他，當時是非常聰明的英國劍橋大學研究生，正撰寫有關德國悲觀主義歷史的博士論文，而且總是樂於找到這類的實例。我跟他分租位於維蘭德街一百二十七號威爾默斯多夫（Wilmersdorf）區一棟十九世紀末的大公寓。丹尼爾忘記帶鑰匙了。

我想，這裡的「迷宮」、「柱子」指的應該是「德國自由青年團」（Free German Youth），也就是取名極為不當的共黨青年組織中，那些嚴受管控、手持火炬的遊行人士。至於「她的政治活動」，克勞蒂亞一看便是一九六八年出生的世代。那一晚，她告訴我他們如何對著防暴警察唱起恰如其分的呈現糅雜了六八世代「反對政治」並「抗議性別」的耶誕歌曲。說穿了，也就是「此處扮警察／榻上軟趴趴」。

過了一段時間後，我在柏林達勒姆村教堂墓園中參加學運領袖魯迪・杜契克（Rudi Dutschke）的喪禮時見過她最後一面。她仍舊戴著那頂紅色貝雷帽。還是說這最後一絲的細節，僅是出於我個人的想像？

史塔西的觀察報告、我個人的日記——我人生中同一天的兩個版本。一邊是祕密警察冷眼旁觀下所描述的「目標」，一邊是我個人主觀的、影射的、情緒性的自我描述。這份史塔西檔案可真是獻給回憶的一份大禮，遠遠好過於法國意識流作家馬塞爾・普魯斯特《追憶似水年華》中的瑪德蓮蛋糕[1]。

---

1 普魯斯特在該小說中提及，其在某一個凜冽冬夜中品嘗起母親所準備的熱茶與瑪德蓮蛋糕後，往日種種的甜蜜回憶突上心頭。

第一章

封面的「OPK」表示「Operative Personenkontrolle」，亦即「作戰性個人管制檔案」（Operational Person Control）。根據國家安全部司法高級中學（Juridical Higher School）一九八五年版的《政治作戰工作辭典》（*Dictionary of Political-Operational Work*），「作戰性個人管制檔案」旨在辨認出可能觸犯過刑法、夾帶「敵對—負面態度」或者「遭敵方利用、以達到敵對目的」的人。據字典解釋，「OPK」的核心目的，在於找出「誰是誰」，每份檔案一開始都有「開場報告」和「行動計畫」。

我的開場報告始於一九八一年三月，係由溫特少尉執筆，內容除了提供我的個人資料，還註記我從一九七八年以來就在西柏林求學，然後從一九八〇年一月到六月——實際上是到十月才對——才一直都住在「東德『首都』」（德意志民主共和國相關當局總是堅持以此慣稱東柏林）。我時常往來西柏林與東德、波蘭之間，且一再「與軍事行動相關人物聯繫」，因此，「很合理懷疑G（即賈頓艾許，不然就是「目標」或「羅密歐」）刻意利用身為研究生和／或記者之工作職責，以從事情報工作。」

接著，溫特少尉把九之二反情報處為了確認這一點，而從該部所有其他處室所蒐集起來的資料全部檢視一遍。檔案後方即附有原始資料：觀察報告、來自英國大使館以及我的新教牧師朋友華納檔案的情報內容摘要、我為西德新聞週刊《明鏡》（*Der Spiegel*）所寫有關波蘭專文的影本，以及我從舍訥費爾德飛往華沙時，他們祕密搜索我的行李而針對我個人的波蘭文筆記和報紙所拍下的照片影本，甚至還有我牛津的家教老師所寫給英國領事館的推薦信影本等，共達三百二十五頁。

史塔西所屬的線人德文為「Inoffizielle Mitarbeiter」，即「非正式合作人」（unofficial collaborators），或簡稱「ＩＭ」。溫特的報告特別著重在這些線人所提供的資料。線人們可分為以下幾類：安全的、特別的、作戰性的、策謀的，甚至還有監視線人的線人。自一九八九年起，德文中便有了這個縮寫的「ＩＭ」。在所有歐語中，「ＳＳ」（即Schutzstaffel，表示「納粹親衛隊」）皆代表著納粹主義響亮、暴戾、全然獸性的同義詞。在德文中，「ＩＭ」則成了另一個同義詞，代表著德國共產主義獨裁專政下所特有的官僚常態，而這種常態，多以滲透、脅迫及合作的形式存在；也代表著成熟的極權主義下更罕為人知的貪汙現象。一九九〇年代初期，享譽盛名的東德政治家、學者、記者或牧師經史塔西檔案確認為ＩＭ並因此而銷聲匿跡，算得上是十分常見的事。ＩＭ堪稱是個汙點。

但首先他們得經過身分確認，因為祕密警察會為自己的線人和跟蹤的人取好別名。實際上，多數線人都會先幫自己取好別名，因為作為一名常規ＩＭ的入門儀式，就是選定自己的匿名。而就在東、西德統一之後，問題來了，有一位東德的知名盲人ＤＪ魯茲·貝特倫過去曾以「ＩＭ羅密歐」的身分為史塔西提供密報。他過去倘若曾經和我碰面，那麼我想就很有可能演變成羅密歐自己密告自己。

我的「開場報告」簡要摘述ＩＭ「史密斯」、「舒爾特」和「米赫拉」及其夫，也就是聯絡人（Contact Person, KP）「吉爾」所提供的資料，並以「米赫拉」與「吉爾」所提供的資料內容摘述最多。其中「吉爾」的前妻名叫愛麗絲，人稱「紅麗姿」（Red Lizzy），溫特少尉註記她更早之前曾嫁給英國最知名的蘇聯間諜金·菲爾比（Kim Philby）。

他發現「Ｇ一心堅定並一如學者那般仔細的工作著」，但卻儼然「一副資產自由的姿態，並不支持勞工階級」。「Ｇ的外表給人感覺很隨性，整體看來猶如『典型的英國知識份子』。」（這種怪異的恭維是來自ＩＭ「史密斯」。）然而，我已經試圖向可能有興趣從事情報工作、同時還能說明我的行為恰恰與上述說法相反的人聯繫。我前往波蘭的那幾次，幾乎可以肯定是「與反社會主義團體保持聯繫」。所以他們必須找出更多訊息，才可能依《刑法》第九十七條將我起訴。《刑法》第九十七條明文規定，凡蒐集、傳送「應當保密的訊息或物件」至他國政權、祕密情報單位或者其他不明「外國組織」之人士，將被處以「五年以上」有期徒刑。「情節重大者，將可處以無期徒刑或死刑」。

接下來的「行動計畫」則包含四部分。首先是配置ＩＭ，從「史密斯」開始：「將ＩＭ

主觀及客觀的可能性納入考量，須創造出與賈頓艾許恢復聯繫的條件」，並於一九八一年四月十五日前完成書面提案。「負責人：溫特少尉」。「舒爾特」、「米赫拉」亦須重新啟動：溫特少尉將於五月一日前完成這方面的書面提案。再者，「HVA I 的 IM，即 G 在柏（林）洪（堡）大（學）（H[umboldt] U[university] B[erlin]）的指導教授」則須進入「作戰模式」（the operational treatment）。

HVA 係東德對外情報局，全名為「Hauptverwaltung Aufklärung」。「Aufklärung」最常見的意思為「教化、啟蒙」（Enlightenment），所以亦可譯為「啟蒙局」，該局局長即為代號「米夏」（Mischa）的馬庫斯·沃爾夫（Markus Wolf）。英國著名諜報小說作家約翰·勒卡雷筆下《冷戰諜魂》（*The Spy Who Came In From The Cold*）中的部門「the Abteilung」，就是以「啟蒙局」為藍本所寫成的。HVA I，即啟蒙局第一處（first de-partment），主要負責監視位於波昂的西德政府。

接下來的計畫則轉為「作戰性監視與調查」（operational observation and investigation），施行措施包括對克雷索夫婦進行深度調查，在洪堡大學出租落地窗房間給我的，正是他們夫妻倆。第三類別「進階措施」則是下令由負責跨境交管的第六總處（Main Department VI）進行「搜索」，並由 M 處啟動「郵件管制」。檔案寫著「G 在西柏林的地址」，但這指的想必是從我西柏林公寓所寄出的信件，因為史塔西只有在例外的情況下，才能拆閱他人在西德的信件。接著，溫特少尉的任務又來了，也就是整理出一份報告，評估是否將這份 OPK 調查轉為全面性的「作戰個案」，簡稱「OV」。「OV」是最高層次的作戰類別，含括已知的反對人士與政權評論家，如我的朋友華納在這似乎就是OV「山毛櫸」。

最後則是「與其他服務單位合作」。在此，由四之二十處（department XX/4，負責滲透教會）就我和德高望重的「山毛櫸」聯繫這點居中協調，並打聽「蘇聯國安組織目前對於英國祕密情報局（British Secret Service）正在追查菲爾比案的消息感不感興趣」。AG4從事「具體協調」，以評估是否可能在我前往波蘭時指派線人進行「貼身監視」。AG4正是史塔西所成立的工作小組，旨在追蹤波蘭團結工聯革命的可疑發展。負責人為里塞少校（Major Risse）。

文件最後不但有溫特少尉簽名，還有負責西歐所有情報單位的九之二處（department II/9）處長考爾佛斯中校（Lieutenant-Colonel Kaulfuss）批簽。

所以，那就是他們的「行動計畫」，而我現在的行動計畫，就是去調查他們對我的調查。我得循著檔案中他們從頭到尾對我的調查，試圖去追蹤本案的線人和官員、查閱其他檔案，再把史塔西的紀錄和我個人的回憶、當時所寫的日記與筆記，還有我從那時起所撰寫有關這段期間的政治史做比較，那麼我就會找出什麼。

在強而有力、辯才無礙的東德牧師約雅敬．高克（Joachim Gauck）出任「前德意志民主共和國國家安全部檔案聯邦管理機構」首長一職後，其冗長的機構名稱便常簡稱為「高克機構」（Gauck Authority）。我的檔案便是來自高克機構位於柏林的主要檔案庫，實際上也就是國家安全部先前的中央檔案庫。該部所處的綜合辦公大樓位在東柏林最右端的諾曼街，占地約一點五個街區。部長的辦公室和私人公寓與他離職時相差無幾：擺滿一堆電話的辦公桌（話機分為「機密」、「極機密」、「最高機密」）、整齊的小臥室，還有一盤由「理查・佐爾格」（Richard Sorge）幼稚園學童所致贈的黏土模型，其中有黏土做的香蕉、小精靈、標示為「珍寧」的小狗，以及一粒由「克麗斯汀」所做的檸檬。

多數其他建物則是賦予了新的功能。所有過去曾經特別加封，以防機密文件遭雙面特務暗中帶走，或是僅被一陣不經意的風給吹走的對外窗戶，如今皆已不再密閉。以往那些考爾佛斯、溫特不斷進行著沉悶交易的場所，如今也已成了一般的辦公室、超級市場、「里特斯」運動兼桑拿館與職業介紹所。但，檔案庫的功能還在。

分類室中，身穿亮粉紅工作服和尼龍長褲的中年婦女在一台台大型的卡片索引機器間啪嗒啪嗒的踩著塑膠涼鞋。我之所以稱為「機器」，是因為它們需要啟動。一如遊戲場裡大轉輪末端的車子，真正的卡片索引盒懸於滾輪軸末，按下「K」鍵，大滾輪便嘎嘎作響，直到「K」字卡置於頂端。「F16」索引系統——此即卡片種類的縮寫——涵蓋的全是真名，只不過是按照史塔西本身的音標字母進行排序，是以，舉例來說，「Mueller」、「Muller」、「Möller」和「Müller」全都歸在同一檔案裡。（假如你是藉由安裝竊聽器或監聽電話來選取名字，那麼你就不會知道名字確切的拼法。）粉紅色的女士就是從這裡啪嗒啪嗒的走去查看依照案例號碼編排的「F22」索引系統，或者偶爾找一找官員的個案名冊，這才會在某棟建物七層特殊加固樓板中某一層上方的特製庫房裡找到實際的檔案。塑膠涼鞋踩過來、踏過去，啪嗒啪嗒的聲響不絕於耳，伴隨著檔案庫每日定量的攪出一塊塊有毒的瑪德蓮蛋糕。

她們帶你沿著走道走到「傳統室」，在那有獎章、列寧的半身像、表現優異的證書、表揚「契卡」（Checkist，即蘇聯對祕密警察的稱呼）功蹟的橫幅，寫著：「唯有他，才是冷靜、熱心和清廉的契卡（菲利克斯・捷爾任斯基，F. Dzerzhinsky）[1]」。桌上放著看似果醬罐的東西，每個罐子都被仔細的貼上標籤，裡頭還裝有一小片骯髒的黃色棉絨。這些都是採集好的體味樣本，倘有必要，他們會給警犬嗅一嗅味道。根據史塔西的字典，它們的正確說法應該叫「氣味保存」。我杵在那裡，頓時大膽的臆測起我自己過去的氣味，或許正如果醬那般仍被保存在這偌大建物的某一處？

附近則是他們所謂的「大銅鍋」，一個既大且深、四周都是銅牆鐵壁的房間。檔案局曾經計畫在那架設龐大、全新且涵蓋人人所有個資的電腦系統，而那些金屬，正是用來隔絕來自外部的電子干擾。但這個大銅鍋如今裝的卻是數以百計塞滿紙類的麻布袋，袋裡全是從一九八九年秋天爆發大型抗議活動，直到一九九〇年初民眾強占檔案局這數週之間所絞碎的文件。假定史塔西真的煞有其事的摧毀最重要且最敏感的文件，那麼高克機構如今則是試圖

---

1 即蘇聯祕密警察與蘇聯情報局（KGB）創始人。

一片又一片的重建起那些文件。

這個高克機構真是詭異之地：一個盤據在過往「恐懼之部」的「真相之部」。回到柏林市中心的行政總部，那裡的長廊裝有西德的新式燈光、鋪有塑膠地板，同時回音繚繞不絕，卻仍隱隱殘留著再清楚也不過的東德氣味。鬱鬱寡歡並帶有啤酒肚的門房警衛、製作精巧的訪客證、法律規定、附屬細則、三聯式的表格、隨處收費……這一切的一切，都在在顯示出德國官僚體制的龐大組織，還有傲慢的福利國家所遺留下來的習性。一如眾多的德國機構裡，職員們似乎每分每秒都在外出用餐、休假，或者「就醫」。自古以來用以辨認德國上班族的訊號，就是迴盪在走廊間的「用餐愉快！」（Mahlzeit！）或是聽聞一位祕書詢問另一位祕書「我能借用你的碎紙機嗎？」。有那一瞬間，你想像著一個繼承的部，現正想盡辦法逆轉時光，將撕碎的檔案一一拼湊回來。

同時，你所看到的每一份文件，裡頭每一頁都已經過機構檔管人員**重新編碼**，並在史塔西親手仔細標示的頁碼上整齊的蓋上橡皮章。這就有如針對德國進行一場徹頭徹尾的拙劣模仿，由一個極端追隨起另一個極端。也許近代史中未曾有過任何一個獨裁政權，一如東德那樣擁有廣泛、嚴密又滴水不漏的祕密警察組織，除了新德國，也沒有任何一個民主政權會把先前獨裁政權所遺留下來的產物赤裸裸的坦露在世人面前。

統一後的德國議會在一九九一年通過一項特別法，詳盡規範這些檔案必須如何運用。舒茲女士曾早我一步讀過我的檔案，因在審慎的實施該法並忠於其職責下，她應把檔案上出現史塔西受害人或無辜第三方的頁面影印，在影本上把那些名字塗黑，然後再次影印，以確保名字不致在強光照射之下遭到破解而曝光。若有他人和本次調檔無直接關連，她便得遮蓋有關這些人士個資的所有段落。但所謂祕密警察正是透過蒐集、利用私生活中最不為人所知的細節才能確切運作，那麼又有什麼會跟了解這樣的祕密警察無關呢？

閱讀檔案可能會帶來恐怖的影響。我想起知名的維拉・沃倫伯格（Vera Wollenberger）案。維拉・沃倫伯格是華納牧師在潘科教區的一名政治活躍份子，她曾藉由閱讀檔案發掘出她先生克努德從和她認識以來，就一直密告她的消息。週日，他倆會帶孩子外出散步，週一，她先生便一古腦兒向負責本案的史塔西官員密報所有訊息。她以為自己嫁給克努德，後來才發現自己其實是嫁給「ＩＭ唐納」。（維拉在其個人回憶錄中稱之為「克努德－唐納」或「唐納－克努德」，如今兩人當然已經勞燕分飛。）或者一如作家漢斯・約欽・謝德禮（Hans Joachim Schädlich）發現他的親哥哥一直都在密告他。他們僅能透過檔案才能發掘出這些。倘若檔案並未公開，他們或許都還維持著兄弟、夫妻的關係，並處在一座以謊言為基石的堡壘，持續著對彼此的愛。

當然也有輕微一點的副作用。在該法施行後，東柏林洪堡大學的學生便四處向女友們吹噓：「我當然準備好看我的檔案。我很害怕去想會在裡面發現什麼，但我就是得知道。」這麼說著實會讓性感的古義大利薩賓族（Sabine）印象深刻。接著你收到來自該機構的恐怖信件，信上寫道：截至目前，您並未建檔。真是奇恥大辱，薩賓族遂轉而投入有檔案之人的懷抱。

當我告訴人們有關我的檔案，他們的回答很怪，不是「多幸運啊！」就是「何其榮幸！」倘若他們自己跟東歐有關，就會說「對，我得來申請調檔」，或者「我的檔案似乎銷毀了」，又或者「高克說我的檔案可能在莫斯科」，卻從來都沒人說過「我確定他們沒有我的任何檔案」。我們幾乎可以用佛洛伊德的說法來描述這個症狀，那就是「檔案妒忌」（file-envy）。

事實上，相較於許多檔案，我的檔案根本算不上什麼。比起作家尤根・傅克斯（Jürgen Fuchs）洋洋灑灑共三十個檔案夾，我只有區區一個檔案夾算什麼呢？比起他們專心致力於用整整四萬頁記載著歌手兼異議份子沃爾夫・比爾曼[2]的內容，我的三百二十五頁又算什麼？但小鑰匙得以打開大門，這也正是通往更大間房的方法。不僅止於德國，無論哪裡有過祕密警察，人們都常常堅稱這類檔案毫不可靠，盡是扭曲及虛構。如今我著手檢視檔案內容是否屬實，不是要比一睹他們都寫了些什麼好得多嘛？畢竟，也只有我，才知道自己當時到底在忙些什麼。而那些監視我的官員和線人又以為自己在幹麼？難道那些檔案，還有檔案背後的男男女女，就能告訴我們更多關於共產主義、冷戰，還有暗中跟監這檔事究竟合不合理嗎？對於每位被列入祕密警察的紀錄並仍想一探究竟的公民來說，這樣有系統的公開這些紀錄可說是前所未有的創舉。世界各地從來不曾有過這樣的檔案。它是否正確？它又曾對那些涉入檔案的人造成什麼影響？這樣的經驗或許可以教導我們關於歷史及回憶，關於自我，關於人性。因此，倘若本書的形式看似任性，那麼其目的並非如此。我只不過是一扇窗、一個樣本、一種達到目的的手段，以及一場實驗的對象。

為此，我所需探索的不僅是一份檔案，還有一段人生，也就是我當時的那段人生。你若存疑，那我要說，「一段人生」和「我的人生」有所不同。所謂「我的人生」，只不過是持續的改寫自己的過去；「我的人生」，是我們與之共存、賴以為生的心路歷程。而實際上所發生的，根本就是另一回事。

藉著尋找一個遺失的自我，我也同時尋找一段遺落的時光，還有一個問題的答案，也就是：遺失的自我是如何塑造出遺落的時光，反之亦然？史實上的時間點及個人的時間點，公開及隱私，重大事件及我們自己的人生。史學家凱斯．湯瑪士（Keith Thomas）在撰寫多數被傳統政治史所忽略的人類經驗時，引用了知名文人塞謬爾．詹森[3]的話：

律法或王權所能造就或療癒的部分

相較於人類心智所能容忍的

是何等渺小

---

2 Wolf Biermann，（1936-），戰後德國最具影響力的詩人。發表言論作品因批評東德執政者不當，三十歲時被禁止公開演出與發表作品。

3 Samuel Johnson，（1709-1784），英國史上最知名的字典彙編者，獨力花了九年時間編出《詹森字典》，為他贏得文名及「博士」頭銜。

但是，在我回顧過往的同時，我才發現到，我有多少個人內心的經驗都是由我們當代的「律法和王權」——也就是東、西德不同政權，還有這二者之間的衝突——所促成的。也許，強森所表達的不是一種放諸四海皆準，而是一種僅適用於某個地區的道理，而且，要是有哪個國家真如強森所說的那樣，那麼人民可就幸福了。

第二章

一九七八年七月十二日，也就是我二十三歲生日當天，我啟程前往柏林。我開著全新的深藍色愛快羅密歐上了通往哈維奇（Harwich）渡船頭的公路，從荷蘭角港（Hoek van Holland）一路沿著德國的無速限高速公路疾駛，直到位於東西德之間「鐵幕」的赫姆斯塔德（Helmstedt）跨境區，才警覺到標明由東德跨至西柏林的中轉道上所架設的速限標誌。我在西柏林住了一年半，才於一九八〇年一月七日開車通過查理檢查哨（Checkpoint Charlie），前往我位於東德的那間房。剛開始，我是為了撰寫一篇牛津大學的博士論文，題目是有關希特勒統治下的柏林。

近日，我為了德國史和這塊分裂的歐洲大陸整理出一份大事紀。有關一九七八年七月至一九八〇年一月的這段期間，該大事紀中羅列出從「七大工業國組織（G7）於波昂舉行高峰會」到「卡特總統宣布對蘇聯啟動國際制裁，阻礙修正〈第二階段限武條約〉（SALT II）並威脅杯葛莫斯科舉辦奧林匹克運動會」的重大政治事件，期間還穿插著卡羅爾．沃伊蒂瓦

（Karol Wojtyla）被選為教宗若望・保祿二世並以教宗身分首訪波蘭，歐洲議會首度直選，北約（NATO）的「雙軌」（twin-track）決策（倘若蘇聯不願協議減少該國核彈，他們將於歐洲部署新式核彈），以及蘇聯於一九七九年十二月入侵阿富汗。如今我們可以看出這助長了「冷戰」最近一次的大型衝突：雷根對上布里茲涅夫，美國巡弋飛彈對上蘇聯 SS-20 中程彈道飛彈，東歐是波蘭革命、西歐則是和平運動。

我個人日記中的大事紀卻截然不同。我寫的不是 G7 高峰會，而是和詩人詹姆士・芬頓[1]暢談德國文學、史學家麥考萊（Macaulay）還有新聞學作為一種藝術型態的（不）可能性。我寫的不是一九七九年一月促成北約雙軌決策的瓜德羅普（Guadeloupe）高峰會，而是我和大學同學傑・雷德威（Jay Reddaway）在東柏林的莫斯科咖啡廳（Moskau）共進午餐，接著晚上跑到西柏林，中間顯然經過在比利蒂斯（Bilitis）小酌、在食迷（Foofie's）（可能嗎？）晚餐，然後再到艾克斯・巴克斯餐廳（Ax Bax）喝個幾杯。身在波蘭的教宗是很吸引人，但在歐洲議會歷經首度直選時，我居然是在愛因斯坦咖啡廳（Einstein）享用早餐、參觀藝廊，然後還沒寫完英國政治週刊《觀察家》（*Spectator*）的專欄文章。當歷史的大事紀悶悶的記載著蘇聯外交部長「葛羅米柯（Gromyko）出訪波昂」，我人在法蘭根酒區（Franconia）喝了太多的煙燻啤酒，還參觀了希特勒在紐倫堡召開納粹黨大會代表的現址。蘇聯入侵阿富汗時，我正搭乘夜間火車前往參觀希特勒的御用建築師艾伯特・史畢爾（Albert Speer）於海德堡的薑餅屋。當吉米・卡特（Jimmy Carter）揚言要對蘇聯發動制裁，我正為籌辦派對忙得暈頭轉向。套用友人兼東柏林路透社記者馬克·伍德（Mark Wood）刻意混用的隱喻，時逢「冷戰白熱化」，生活中好玩的事情還很多。

這一年半，史塔西的情報工作斷斷續續。有一份針對我在東柏林夜會「貝雷帽」的觀察報告，其中由四之二十處（主事教會滲透）所提供的摘要報告中，他們已經確認「貝雷帽」的身分無誤、列出另外兩名西柏林的聯絡人——分別是「英格麗」【姓氏被舒茲女士塗黑】和「亨瑞奇」（一樣姓氏不明）——以及我在西柏林的電話號碼。他們還記錄我生於「威布道」（Winbredow）（應該是「溫布頓」〔Wimbledon〕），描述我在牛津念的是「聖安索茲」（St. Ansowts）（應是「聖安東尼」〔St Antony's〕）學院，還把我前往波蘭的日期寫錯，整整差了三個月。他們指出我和英國公民「莫理斯」【姓氏被塗黑】致力於製造德國納粹政權與教會間的對立，但「可以確定的是，G 對於東德的文化遺址、文化（原文照錄）和文化特質都相當了解，尤其是包浩斯（Bauhaus）的問題。一九七九年六月，G 表示自己是所謂的自由作家，專門為英國週刊《旁觀者》（*Spekta*）撰稿，而《旁觀者》想要寫出一篇有關反法西斯人士竭力抗爭的報導。他是《旁觀者》的人。」

這些訊息主要來自四之二十處本身針對「知名山毛櫸」的調查，以及德國中部艾夫特

---

1 James Fenton，（1949-），英國當代詩人，曾為政治記者、戰地記者。回英國後，則繼續寫作，曾任劇評、專欄作家、牛津大學教授，二〇〇七年獲頒女皇金章。

（Erfurt）辦公室的昆特爾（Küntzel）少尉在與聯絡人「吉爾」和「IMV米赫拉」見面之後所寫的四頁報告。「IM」後的「V」表示米赫拉係屬史塔西最高階的線人，他們都是部署在敵人周遭，與其直接接觸。昆特爾少尉在報告中寫著一九七九年六月三十日，有一名操著英式或美式口音的不明人士拜訪住在威瑪小鎮（Weimar）【城堡名塗黑】城堡裡的吉爾【姓氏被塗黑】博士，而且自稱是英國週刊《觀察者》（*Spacktator*）的自由撰稿人提姆·賈托艾許（Tim Gartow-Ash）。

如你所見，塗黑通常效果不大，因為不可能有許多吉爾【某某之類的】博士住在威瑪的城堡裡。另一方面，史塔西的檔案法明文規定僅僅保障無辜第三方或受害者的匿名權，而未保障非正式合作人的匿名權。於是我粗略的看了一下我的日記，便確認了吉爾博士的身分，同時，還有史塔西又把日期搞錯了。

吉爾博士算是老一輩的猶太裔共黨人士，在東德，甚至是遍及共黨所統治的歐洲裡，他都算是聊起天來極為有趣的人物之一。或許我在拜訪他時就已知道，他曾經擔任《東柏林日報》的編輯、官方默許的夜總會負責人，也許我還知道，納粹時期他人在英國，並任職於路透社。而我是在後來才得知他是在英格蘭認識貼心又活力十足的奧匈猶太裔女人愛麗絲「莉姿」·庫曼（Litzi Kohlman），並與她結為連理。愛麗斯曾是金·菲爾比的第一任妻子，而且根據某些資料來源，她在一路引領這名年輕的英國人出任蘇聯間諜這方面，可說是扮演了重要的角色。我也是透過這份史塔西的報告，才發現到吉爾博士曾在路透社任職期間為蘇聯情報局工作。

在這樣的背景下，他對我來訪時所說的故事半信半疑，這一點也不讓人意外。根據昆特爾少尉，吉爾博士立即證實我根本就不認識「桑達（Sanda）【名字塗黑】」，也就是我聲稱建議我應來拜訪吉爾的那個人。當我問起他怎會說得一口流利的英文，他告訴我，他在英格蘭待了很多年，並在路透社服務。「G假裝對此很感興趣，並問起某人【名字塗黑】在當時是否擔任『路透社』的社長。當答案是肯定的，G不加思索便開心地說：『你能想像嗎，超巧的，錢賽勒（Chancellor）的兒子現在是我學長（Vorgesetzter）。』他們兩人之間都偽裝得很好，但那股氛圍似乎一觸即發，而且【吉爾博士】也察覺得出G知道他曾為『路透社』工作。已經起疑的他，更是越來越覺得G之所以試圖與他聯繫，其實另有隱情，而非他所說的那樣，【吉爾博士】於是對G變得有所保留，卻又不失禮數。」

這一小段便是史塔西的紀錄是如何漸漸產生出些許扭曲的縮影。譬如，我千不該萬不該稱呼親切的亞歷山大・錢賽勒（Alexander Chancellor）——時任《觀察家》編輯——是我Vorgesetzter（學長），Vorgesetzter這個德文清楚暗示著階級之間的指揮與命令。這鐵定是吉爾博士，或者更可能是昆特爾少尉所會使用的字眼，正因「少尉」就是活在一個人人都有Vorgesetzter（上司、長官）的世界裡。不過，木已成舟，他們就這麼斷章取義。現在，試想一下，這個段落的整體內容更為嚴肅，而且啟人疑竇；試想一下，這整個段落的詮釋，有時真的可能僅僅取決在一個單字；試想一下，我後來成了享譽盛名的東歐政治家，我在有天早上醒來，卻發現有一份西歐小報直接引用我在那段落所說的話當作標題，對我予以抨擊，而之後接踵而來的，全都是要我下台的聲浪，那麼當我辯稱：「不，我沒那樣說過！呃……應該說，我不是**那樣說的**。總之，他們連日期都會弄錯，週刊全名是《觀察家》才對，還有，我名字的拼法……」又有誰會相信我呢？

但，這段內容縱使有少許的扭曲及錯誤，基本上仍有正確之處。無論我實際上是否事先就已得知吉爾博士和路透社的關係——克里斯多福．錢賽勒（Christopher Chancellor），即亞歷山大．錢賽勒的父親，他過去曾是該社的總經理——在這並不怎樣的巧合下，為了讓這段略顯膠著的對話能夠繼續，同時讓吉爾博士暢所欲言，我知道自己表現得太過開心。

「【吉爾博士】的太太（IMV米赫拉）先前在廚房，此時來到了客廳，」報告繼續寫著，「她先生介紹說『這是內人，威瑪藝廊（Weimar Art Galleries）的總監』。IMV以為他是來拜訪自己的先生……所以對於G馬上就把話題圍繞在該藝廊所策畫的包浩斯設計展感到格外驚訝。他解釋自己看過該展，為之神迷，但不懂藝廊為何未發行圖錄。他提問的樣子，顯見他想要聽到IMV親口說出由於文化政策之緣故，這麼做是不可能的。但IMV並未深談，僅解釋是因為紙張短缺……。

「G如今把【吉爾博士】丟在一旁、讓他默默聽著他倆對話，不再提及一開始的主題。面對他的失禮，【吉爾博士】甚為惱怒，便假裝要進城買點東西，跟G道了別。到了此時，對話已持續約四十分鐘。G如今向IMV解釋自己正在撰寫一篇有關東歐藝術及文化生活發展的文章，因此很有興趣聽一聽ＩＭＶ對此的評論。他拋出了以下問題：

——為何現在才在東德（威瑪）籌辦包浩斯特展？

——東德對於包浩斯持何種態度？

——全國對這場特展的反應如何？

——國際上對這場特展的反應又如何？

言談之間，Ｇ顯然對於藝術界瞭若指掌，尤其是包浩斯流派。」

這次來訪的最後，我顯然在紙上寫下我的名字——「不知為何，他不想留下完整的住址」——表示想再進一步聊聊。「與ＩＭＶ的對話持續二十分鐘，以致Ｇ約莫在那棟公寓裡待了總共一小時。」

基於許多理由，昆特爾少尉認為這些全都是「作戰相關」的訊息。他指出，吉爾博士因為先前和金．菲爾比的關係，加上並不認可東德當前的文化政策因而較為贊同「異議人士」（昆特爾用引號標示），所以對於「敵方機構」或許很感興趣。昆特爾少尉臆測，那些「敵方機構」應該也對有可能「培植出異議份子」（他又用引號標示）興味盎然。所以，吉爾博士馬上成了消息來源和可疑份子。

在昆特爾少尉的分析中，我也是一名高度可疑份子，因為我用了不只一個，而是三個傳奇故事來描述我真正的來歷：朋友的朋友、記者、研究東德文化生活的學生。「傳奇故事」是史塔西所用的字眼，指的是封面故事，普遍多用於他們自己的全職特務和兼職線人所發展出來的故事，但在此卻加以延伸，用在我身上。

他們即將採取的措施包括告知「米赫拉」和「吉爾」該怎麼做，以防我又和他們聯繫，還有通知負責監視西歐記者的十三之二（II/13）反情報處。

某些小細節有誤，詮釋上也過於偏執。但整體而言，史塔西無所不在、監視著每一個人，可謂是名副其實。單憑一段輕率的談話，還有幾次基本上算是單純的接觸，我就這麼成了核心檔案裡的可疑份子。在西德待了十八個月後，在我正準備跨境前往東柏林之際，他們已經把我的聯繫人、我在西柏林的地址電話、我的車、我的髮色、我的身高（檔案影本中已把「米赫拉」原本推估的一米六五至一米七修正為一米八），甚至是我似乎不抽菸等相關資料，都收錄在一份摘要報告裡。

然而，他們所遺漏的部分也令人驚訝。譬如，檔案中並未載明我過去為柏林英國廣播公司所錄製的廣播節目，也沒有我過去為《觀察家》所寫有關東德的文章，其中包括了一篇東德知名異議份子羅伯・哈福曼（Robert Havemann）的頌詞。看來，我用艾德華・馬斯頓（Edward Marston）這筆名當作掩護，似乎還挺管用的。檔案中也毫無任何我和朋友在德勒斯登（Dresden）附近共度耶誕，還有多次外出旅遊的紀錄。

我在西柏林生活的消息，他們所知不多，這一點也不讓人意外。但就算是那些部分塗黑的名字、地址和電話，也都開啟了我的回憶之門，把我帶回到我的日記。

當我離開英國、初抵柏林，便直接開往烏蘇拉・馮・科洛希克（Ursula von Krosigk）老太太的公寓，她是出版人格雷安・葛林（Graham Greene）介紹給我的。格雷安・葛林是一名小說家的姪子，他父親休伊・葛林（Hugh Greene）曾於三〇年代在柏林擔任英國《每日電訊報》（*Daily Telegraph*）的記者，後來遭到納粹驅逐，而他就是在擔任記者的那段期間結識了烏蘇拉。烏蘇拉一頭白髮，身材筆挺，未婚，徹頭徹尾就是一名普魯士的女貴族，但她貼心、主動而且標新立異。當她獨樹一格、目空一切的甩起頭時，不知怎麼仍會讓人想起五十年前在波茨坦（Potsdam）嚴厲的寄宿學校中逃學的頑皮女學生。她在柏林住了大半輩子，有一回，她向我描述一群穿著得體的觀眾在看完德國戲劇家布萊希特（Brecht）初次登場的《三便士歌劇》（*Threepenny Opera*）後，大搖大擺走出燈火輝煌的造船工人大街劇院，然後路過劇院一旁陰影下整排活生生的乞丐，其中不乏失業的跛子和戰後的傷殘人士。她有不少朋友都曾參與反希特勒，但她叔叔，魯茨・什未林・馮・科洛希克（Lutz Schwerin von Krosigk）卻剛好是希特勒的財務大臣。她猶記水晶之夜（Kristallnacht）爆發後的隔天早晨，她與叔叔駕車前往他在鄉間的房子，所經街道盡是猶太店家在慘遭劫掠後的碎玻璃和殘骸，「人人噤若寒蟬」。

烏蘇拉住在一棟十九世紀公寓的四樓，位於繁榮的威默爾斯多夫區（Wilmersdorf）巴黎大道（Parisersträsse）上一處僻靜的角落，能夠從窗戶望過樹叢，看到紅磚砌成的威漢米內教堂。樓下還有挺寬敞的大理石階梯，以及由鍛造金屬和玻璃所做成的大型雙開門。到了晚上，門房上鎖後，房客都持有一把製作精巧的鐵鑰匙，要把鑰匙插入一邊的鑰匙孔，再從另一邊的孔洞拔出，方能進出。我猶記在那第一個溫暖的夏夜，重重的門在我身後關上，而我即將探索這座寓言故事中的城市時，內心所浮現的那股興奮感。

公寓室內擺著一堆曾經相當不錯的家具，還有滿坑滿谷的書籍。我拿起睡袋，就這麼睡在畫室的地板上，旁邊則是一套髒兮兮的舊沙發，下面還墊著畢代克（Baedeker）出版社在戰前所出版的德勒斯登旅遊指南。在我快要沉沉進入夢鄉，我反思著拿起一本那樣的旅遊指南來墊沙發確實是很合用的。烏蘇拉的空房因為已經有了房客，所以我才會睡在地上，而那位房客叫詹姆士．芬頓，他在為英國政治期刊《新政治家》（*New Statesman*）撰寫有關文學、中南半島和英國國會政治的專文後，便來到柏林擔任《衛報》（*Guardian*）的特派記者。

我和詹姆士很快就變成朋友，常常膩在一起。我的日記寫著我們在漫漫長夜裡喝起了無數的冰啤酒和烈酒後的清淡飲料，不管是在當地時尚的小酒館——明明是餐館，卻命名為「酒商」（Bistroquet），或是在廣場角落的酒吧，在餐桌上放著蕾絲小墊布、擺有「水果盤」電動遊戲機且不停播放著〈巴比倫河〉（*By the Rivers of Babylon*）的老式西餐廳基克爾角（Kuchel-Eck）；或是在媒體酒吧（Presse-Bar），我們喜歡這裡，因為從未有媒體人來過這附近；也在倖免於一九六八年重大事件、如今已經大腹便便的生還者所常出沒的委貝費司克（Zwiebelfisch）和艾克斯巴克斯餐廳；在資產階級常出沒的默林咖啡廳（Möhring），或在一早隔壁桌就有個氣急敗壞的阿爾及利亞人燒起他的居留證，然後一名身穿黑色皮夾克的醉漢就這麼掏出槍來指著他的胖房東餐廳（Dicke Wirtin）。

「小心，他有槍！」詹姆士說。

「不可能，」同行的德國女孩說，她在這座仍遭占領的城市中為英國軍政府（British Military Government）服務，即使她強調「柏林嚴禁人民私擁槍械」，但那把槍可是貨真價實。

詹姆士臉色蒼白，熱情，衣衫襤褸，大光頭下的身軀還微微佝僂，活像個秉持不同政見的僧侶。他起初並不怎麼了解德國，還有德文。實際上，當地的德國記者一開始都覺得他鐵定是個間諜，因為根據他們的推斷，絕對沒有記者會對自己所被派駐的地點如此一無所知。不過，這狀況持續不長，因為他觀察力敏銳，心思也細膩，同時還擁有改革時期的記者在追蹤報導——特別是有關權貴和故作清高的人士所犯下的惡行——的那種熱情與堅毅。

基於種種理由——有些我或許根本就猜不到——他在德國過得並不開心，但對我來說，他是一個很棒的夥伴。他之所以與眾不同，在於他擁有詩人的語彙機鋒、天馬行空，偶爾還會出其不意、心血來潮說起我倆所曾共同體驗、已經有趣到家的經歷，並賦予那些經歷新的觀點與見解，極是精采。我從他那裡學到很多寫作的技巧，彼此還成了好友。

秋天，烏蘇拉放棄原本居住的公寓，搬往慕尼黑，我倆便匆忙移居到巴黎大道上的幾處大樓，最後才落腳在俗麗的巴黎角膳宿公寓（Pension Pariser Eck）：整間屋子都是橘色檯燈，還有穿透薄牆而來的噪音，十足的格雷安．葛林風。當秋天逐漸轉為柏林凜冽的寒冬，颼颼的東風似乎是直接從西伯利亞給吹到庫達姆大街（Kurfürstendamm），我們選在一個奇差的時間點搬進一間小公寓，只能靠牆角一個用瓷磚圍起來的舊式暖爐充當暖氣，我倆甚至還得從地窖抬上焦煤，持續添入暖爐，方能取暖。我很快就逃離這段西柏林的艱苦歲月而迎接起東柏林的奢華，和我剛認識的克魯格一家（Krüger）慶祝起傳統的德國耶誕夜。克魯格一家屬於社會中高階層，他們在鄰近德勒斯登的拉德博伊爾（Radebeul）擁有一棟 fin-de-siècle（十九世紀末、追求頹廢美感）的家庭別墅，而且全家就在高築的庭院圍牆後方過起獨特的「內在移民」[2]生活。路途中，我的車子在不習慣北方的大雪下，拒絕再次於查理檢查哨的東德邊境處發動引擎，之後守衛友善的幫我推起車子，我這才順利發動，然後進入東德。

當有來自英國的訪客，詹姆士和我就會帶他們到康得大街（Kantstrasse）的「巴黎酒吧」（Paris Bar），十字山（Kreuzberg）上由維也納「流亡人士」所經營的「流亡餐館」（Exil），蘿咪・海格（Romy Haag）需作異性打扮方得入內的喧囂夜總會，接著再去其他一、兩家酒吧。柏林果然不負伊薛伍德（Isherwood）在《再見，柏林》（*Goodbye to Berlin*）小說中所營造出的迷思，我把小說中夜總會女歌手莎莉・鮑爾斯（Sally Bowles）的戲份，交由我認識的新朋友艾琳・狄奇（Irene Dische）來飾演。艾琳是個德國與猶太混血的美國女孩，美麗動人，她當初來到柏林是想成為作家。如今與艾琳聊天，我才了解到當時她把我和詹姆士當成了小說中的人物伊薛伍德和奧登，還是斯班德[3]？

相較於伊薛伍德筆下的小說內容，我們在西柏林的真實生活經歷，有更多是受到一九六八年世界左派學運的影響。該年的學生運動一路從巴黎、阿姆斯特丹、法蘭克福延伸到柏克萊，西柏林遂成了整個學運的中心。從那年起，有整整十年，維蘭德街上不再有任何特殊商店可以讓你買到進行示威抗議時所需的所有物品，如象徵革命的紅旗、海報、防毒面具、適合的長靴等。但柏林自由大學的校牆卻仍畫滿政治塗鴉，而且在我們的朋友裡，至少有一半人是屬於一九六八年這世代，如克勞蒂亞。六八世代的人有些特徵，可以讓你馬上認出：牛仔褲、開襟襯衫；少不了的香菸或大麻菸；脫口而出就稱呼 Du（你），而不是比較普遍、正式的 Sie（您）；獨特的字彙，包括許多有關兩性關係、「結構性暴力」（structural violence）等等社會心理新語詞。他們所住的公寓裡樓板無物，牆壁塗上白色，松木書架上擺著一整套名為《課本》（*Kursbuch*）的期刊，還有安森柏格[4]、布洛赫[5]、阿多諾[6]和馬庫色[7]所著的圖騰書籍。

不過，那些在六八年一同示威起義的夥伴，如今都已經分道揚鑣。有些成了西德戰後極

---

2 inner emigration，猶太裔德國政治理論家漢娜・鄂蘭（Hannah Arendt）所提出的概念，指出某些人雖身在某國，其所作所為卻彷彿並不屬於該國，有如移民他國。其實他們並未真的移民，而只是選擇把內心停留在原先的思想與情感裡。

3 奧登（Wystan Hugh Auden）為伊薛伍德在兒時就認識的恩師，之後伊薛伍德透過奧登而結識斯班德（Stephen Harold Spender），並與他在德國度過多數時光。

4 Hans Maugnus Enzensberger，（1929-）德國詩人、作家，曾獲多項文學獎殊榮。

5 Erust Bloch，（1885-1977），德國馬克思主義哲學家，著有《希望的原則》。

6 Theodor W. Adorno，（1903-1969），德國社會學者、哲學家、音樂家，本是法蘭克福學派成員之一。

7 Herbert Marcuse，（1898-1979），德裔美國哲學家，法蘭克福學派一員，在法國五月風暴中，與馬克思、毛澤東，並稱「３Ｍ」。

左派游擊組織赤軍旅（Red Army Faction，RAF，又稱「巴德—邁因霍夫武裝游擊隊」〔Baader-Meinhof gang〕）中的恐怖份子或者敵方小組，安置炸彈並暗殺知名商人或資深官員。西德則透過高壓手段反擊，禁止國家雇用可疑的「憲法之敵」（enemies of the constitution），這在整個德國境內可說是涵蓋著超多類型的工作，從高階公務員，到郵差及道路清掃工都有可能。評論家將這種現象稱之為「職業禁止」（Berufsverbot）。在我抵達不久，就有一部名為《德國之秋》（*German Autumn*）的電影上映，該片片風幽悶，充斥著進行襲擊的警察以及邪惡、身穿深色西裝的角色人物。難不成德國又要走下坡了嗎？

這些朋友裡，有些人會說，在過去六〇年代末期或是七〇年代初期間，是如何有過那麼一刻，他們也許就會這麼成了恐怖份子。但即便在「職業禁止」下，他們卻成了教師、社工、學者，或者回去吟詩作畫、持續從事出版傳播業，又或者投身其他與環境、兩性平權、結構主義等相關的專業領域。克勞蒂亞是學校老師，保羅是「活到老、學到老」的學生與兼職的藝術品交易商，彼得是藝術家，依凡是心理學家兼譯者，艾馬爾是政治科學家，弗里德里希是自由新聞工作者，如今正著手進行一項重大調查，找出西德法庭究竟為何無法定納粹的罪，尤其是定德國律師和法官的罪。如今又有一件德國六八世代特別感興趣的事，那就是揭示父輩的罪。

一九七九年初，我搬進位於舍恩貝格（Schöneberg）區特羅因斯泰因路（Traunsteinstrasse）上稱之為「Wohngemeinschaft」的地方，也就是六八世代口中的公社公寓。我的室友——或者說我公社社員的夥伴——分別是很好相處、略偏左派的美國學者修伊和柏納德。柏納德的父親過去曾經擔任納粹的飛機工程師，後來接受美方招納，轉而為其效力。一九六八年後，柏納德不但成了一名左派份子，還成了受東德執政共產黨所操縱的西柏林社會主義統一黨（Socialist unity party of Westberlin）黨員。一如他現在所說，他當時想參加「像樣的」，也就是要與實際政權相關的組織。在那個時候，蘇聯看起來依舊日漸強大，但越戰後的美國卻似乎逐漸式微。在握有黨員牌的光環下，他找到任職於東德貿易公司的工作，我當時雖沒聽過那家公司，但它可是某家與史塔西關係密切的東德企業的直屬子公司。

柏納德身形魁梧，脾氣暴躁，眉頭深鎖。被他纏上可不是鬧著玩的。凡興之所至，他不是評論就是咒罵，其中還不乏用起納粹主義和馬克思主義的字眼。我的日記就記錄著有天早上我在浴室裡待了太久、超出我所分配到的時間，以致打斷了他嚴謹的日常作息，他便以雙拳用力敲起廁所的門，大聲喊著「統治階級！」。當主要房客海恩納威脅著要控告他和自己的孩子一起住在公社公寓裡，柏納德則是反駁說：「你這隻納粹豬，你就像集中營的守衛，白天殺人，晚上還能彈琴喝酒……。」

實際上，我之所以躲在自己的小公社裡，要歸因於他倆之間的大吵大鬧，而這後來也導致海恩納決定搬離此地。在他把兩間漂亮、通風、挑高、白色牆面還掛有空白相框的房間讓給我之前，他和我坐下來聊了聊。在燭光與二手菸的繚繞下，我發現自己開始上起一堂兩個半小時的心理分析課，其中主要是海恩納談起他自己的事。我記下了一段他很典型的對話，內容描述他在十四歲時是如何看待自己：「起初，我假設自己正向積極、喜歡女人，只不過可能具有肛交的傾向。」他把這些全盤托出，只是為了移交鑰匙。

他搬走後，我記下傑——甫才來訪的英國公立學校和牛津友人——與海恩納完全相反的人格特質：「保守、拐彎抹角、冷嘲熱諷、勢利眼、害羞且多愁善感的英國人，和開放、直接、熱心、左派、愛撂行話、獲得解放又感情豐富的德國人。」幾天後，電話響起，我接起電話。

「喂，海恩納在嗎？」匿名的來電者說。

「不在。」

「喔，那你是同性戀嗎？」他用的是德文的 schwul（男同性戀）。

「我不是。」我說，掛上電話。幾秒後，電話又響了。

「喂，」同樣的聲音說，「你是英國人喔？」

「對。」

「那麼，我的意思是：你跟男人上床嗎？」

「不！」

如今我從柏納德的口中得知，海恩納在幾年前就已經認為自己是同性戀，也想弄清楚到底是怎麼回事——這樣的過程是免不了的。但我認為他未必是在向我調情，他或許只是覺得想讓我自在一點而已。

如今柏納德還告訴我，海恩納近期死於愛滋。

六八世代的人，我感覺很複雜。他們之所以有趣，是因為相較於我過去所認識的人，他們是如此截然不同。我能夠理解並體諒他們的某些政治方案：譬如，弗里德里希[8]那一派的人想要找出當初德國的律師、法官為何無法定罪，想為納粹不公義下的受害人主持正義。然而，對我而言，他們似乎常常不是歇斯底里，就是自戀又任性。他們常向我抱怨的問題對我來說，不是自尋煩惱，就是相較於東歐，根本就微不足道，我對此感到厭煩。海恩納告訴我，卡特總統出訪西柏林，只不過像是蘇聯總書記布里茲涅夫訪視東歐附屬國的總督，他似乎一點也不關心東德這個距離柏林圍牆後方僅有幾哩之遙、公然自稱是社會主義的國家正在發生什麼事。對他們而言，圍起西柏林的牆除了只是一面映照出他們自己，讓其得以深入思考自我以及個人「感情關係」的鏡子，其他啥都不是。我的日記寫著「紙水仙」。

然而，對我來說若是六八世代極具異國風情，那麼對他們而言，這個穿著厚重鞋子、斜紋軟呢外套的英國年輕人便有如詭異的幽靈。如今回顧過往，我覺得當時的我真的很怪。人們或許會羨慕檔案的擁有人，但被自己那塊有毒的瑪德蓮蛋糕耍得團團轉並不總是一場愉快的經驗。波蘭荒誕派著名代表作家貢布羅維奇（Witold Gombrowicz）曾在其小說《費爾迪杜凱》（*Ferdydurke*）中寫道，他想像著自己有天醒來，發現到自己又回到十六歲。他聽著「暌

8 指弗里德里希·李斯特一派。弗里德里希為德國經濟歷史學派的先驅，其思想是被視為建立歐洲經濟共同體的理論基礎。

違已久、小公雞般難聽的聲音」，看著他「稚嫩的臉上那未長成的鼻子」，並感受到他亂七八糟、相互錯置的四肢彼此嘲笑：鼻子取笑著腿、腿譏諷著耳朵。跟著檔案穿越時空可能就有點像這樣——這場旅途並不愉快。

實際上，史塔西昆特爾少尉口中有關我的「傳奇故事」並不怎麼像是封面故事，反而比較像是我未成熟人生裡的不同部分。一如野心勃勃卻誠惶誠恐的二十三歲研究所畢業生現在來到我的牛津住家、向我諮詢人生建議般，我曾經想要一鼓作氣做完這些事，如撰寫一篇有關第三帝國（Third Reich）下柏林的博士論文、一本東德的書、一篇包浩斯的文章、為《觀察家》所寫的精采報導，或許還有可能成為英國知名作家喬治・歐威爾、外交部長以及戰爭英雄。這些才是我所告訴自己的封面故事。

日記讓我想起我的笨拙愚鈍、惺惺作態、勢利眼——還有我闖入他人生活的那種漫不在乎。撇開尷尬不說，相較於找出我們對於他人的感受，要重新找回自己實際上作何感想、有何感受可謂困難得多。有時對我來說，這個過往的我實在太過陌生，陌生到我在日記最後幾頁所寫的「我」，幾乎讓我覺得應該是「他」才對。

個人回憶是如此狡猾的客人，尼采在其某篇諷刺短詩中說得好：「回憶說：『我曾經那麼做。』我的自尊則堅定的說：『我不可能做過那件事。』最後，回憶服輸。」人們總是傾向挑揀過去，國家也一樣：要記住莎士比亞啦邱吉爾啦，但要忘了北愛爾蘭。不過我們得全部記住，不然就是全部遺忘，而且我得用起「我」才對。

雖然分心的事情很多，我的日記仍記載著我花了漫長的好幾個小時，在聽似邪惡的普魯士祕密國家檔案庫（Prussian Secret State Archives）中研究起蓋世太保的檔案，以及柏林文件中心（Berlin Document Center）中納粹所謂的「人民法庭」（People's Court）的紀錄檔案。當人民法庭的文件就這麼布滿灰塵、毫無分類的堆在金屬架上，美國文獻中心（Document Center）——當時還是美國軍事政府下的單位——主任則是跑去打高爾夫球。

我很訝異不少案件是因為告發才遭到起訴，而且告發的人居然不是蓋世太保的線人，而是一般老百姓，如顧客抨擊理髮師、藥房助理抨擊藥劑師、女主人抨擊管家，甚至還有人密告自己的兄弟，以及太太告起先生等。這些全都是真實案例，取自我當時所影印下來的人民法庭判決結果，很多最後還判處死刑。

一整天下來，當我受夠了這些記錄著人類本性、殘酷而且看似永無止境的檔案時，我就會到戶外格倫瓦德（Grunwald）綠蔭繁茂、陽光普照的街道上透一透氣。我常會感到自己雙手好似沾滿鮮血，為了把血洗掉，我會先去游泳，再到咖啡廳喝杯飲料，然後看著隔壁桌正在閒聊的老太太。老奶奶，妳們戰時都在做什麼呢？

我並沒局限在這些檔案裡。我還跟退伍老兵、倖存人士聊過，其中有海德堡的史畢爾說起自己出於一名非關政治的技術專家所精心雕琢的故事，還有臨時起意找來的熟人，他們人人都有獨特的個人歷史：例如，有一名技工，他爸媽在赤軍旅進逼之前，便緊急帶著尚在襁褓中的他搭機飛往西德，但在途中不幸身故，以致他完全不知道自己的出生地點、生日還有真實姓名，只知道自己來自舊德國領地、目前屬於立陶宛境內的默麥爾地區。還有一群德國反希特勒的老前輩們，他們每年都會到前德意志國防軍（Wehrmacht）總部中，史陶芬堡伯爵（Count Stauffenberg）——即一九四四年七月二十日炸彈密謀案首腦——曾與射擊隊正面交戰的庭院，參加該事件的週年紀念活動。

史陶芬堡在臨死之前，曾經無視一切的大喊：「神聖德國萬歲！」（Es lebe das heilige Deutschland!）或「祕密德國萬歲！」（Es lebe das geheime Deutschland!）而後者是否雙雙參考了謀反勢力還有德國詩人史蒂芬．格奧爾格。半神祕的思想？他的遺言仍舊充滿爭議。在那些祕密德國的亡靈中，我一直在尋找一個個人問題的答案。是什麼可以讓一個人成為反抗專制獨裁的鬥士，而讓另一個人成為忠於專制獨裁的僕人？這邊的史陶芬堡，那邊的史畢爾。今天，在研究多年並私下了解許多專制獨裁下的反抗人士與僕人之後，我依然還在尋找。

不單單對主修歷史的學生，還有對當時住在德國的英國人以及英國媒體報紙大多數的讀者而言，「過去」仍舊是德國最有趣的一件事，這裡的「過去」，基本上指的是納粹主義下的那十二年。有關戰後重建、文明的民主、西德總理施密特（Helmut Schmidt）帶領下的模範社會市場經濟等重大成果，這些的確都令人民感佩，卻又索然無味。甚至是極左派的恐怖威脅，還有來自西德的強烈反應，都在在表現出他們對德國仍舊步步為營，因為他們害怕在希特勒死後，德國有可能再次變得危險。

詹姆士幾乎和我一樣對納粹的過去深深著迷，於是我們聯手寫了幾篇報導，還跟六八世代的記者友人弗里德里希一同關注著在杜塞道夫（Düsseldorf）針對邁丹尼克集中營（Majdanek）守衛所進行的審判。在一名年長的猶太女人作證說自己被逼著充當犯人、帶著裝有齊克隆B（Zyklon B）的毒氣罐進入毒氣室時，一名德國的辯護律師立刻起身，要求「以協助並教唆謀殺的罪名」立即將她逮捕。

我們也追查一件有關時任西德總統卡斯滕斯（Karl Carstens）曾在年輕時加入過納粹黨的神祕案例。傑出畫家海因茲．托克斯（Heinz Troekes）曾告訴我們，卡斯滕斯是如何在托克斯所讀的砲兵學校驕傲的別起自己的黨徽，當時卡斯滕斯是托克斯的老師，而托克斯還只是個菜鳥。不過，由於卡斯滕斯總統就像個紐約客那樣三不五時下鄉走透透，聲望日漸高漲，這故事後來也就不了了之。就本案來說，我是個缺乏經驗的史學家和見習的記者，詹姆士則是個經驗豐富的記者，同時還是個詩人。在歷經這次經驗後，他寫了一首名為〈德意志安魂曲〉（A German Requiem）的詩作。德國的記憶有著難以捉摸又揮之不去的特質，而詩中所捕捉到的，正是比起那些特質都來得更棒、更美好的事物：

---

9 Stefan George，以其深奧思想與抒情動人詩作吸引了無數文人，形成了格奧爾格詩團。其重要思想之一，在於主張掌握詩詞與文化奧祕的人們，構成了「祕密德國」（geheimes Deutschland），而這正應凌駕於政治德國之上，成為德國真正的價值。史陶芬堡曾在十六歲時經友人引介加入該詩團，成為格奧爾格之弟子，思想上受其影響甚鉅。

每年得以偶爾共聚一堂，並遺忘過去
是多麼令人欣慰

有天晚上，弗里德里希來電告知，名為「維京青年」（Viking Youth）的新納粹團體會在一家新成立、名為祖國咖啡廳（Vaterland）的酒吧。開幕式大舉出動。稍早，他與學生討論當時於德國造成莫大衝擊的美國電視影集《大屠殺》（*Holocaust*）時，曾經見過當中幾名成員，而且成員裡的「意識形態份子」揚言將在德國再次蓋起集中營。

祖國咖啡廳位在陶恩沁恩大街（Tauentzienstrasse）某個難以形容的摩登大樓一樓，四周牆壁裝飾著軍用小古玩及希特勒坐在馬桶上的原油畫作。我們抵達時，有一半的場地擠滿了身穿皮夾克和長靴的青少年，他們吃著抹了肉汁或菜湯的麵包，以英國喜劇演員彼德．謝勒（Peter Sellers）版本的希特勒式敬禮——也就是彎起右手，擺在胸口——問候彼此。酒吧的另一半則擠滿觀察這些維京青年的記者。約莫到了午夜，似乎什麼都沒發生，我們便自咖啡廳離開，在通往我停車的暗巷角落四處閒晃。突然，幾個穿著黑色夾克的人影衝向我們，手裡還拿著底部破掉並露出鋸齒邊緣的啤酒瓶。

這時，我的回憶開始進入慢動作。我看見一群暴徒從一片漆黑現身在路燈的光線下，還看見自己傻呼呼的繞過車子，要打開駕駛座的門。詹姆士走在人行道上，微微揮舞著他的摺疊傘，弗里德里希則跑到斜對街，逕往另一端燈光明亮的立體停車場而去。我已經完全記不得酒瓶打在我頭部側面的感覺。或許我有幾秒鐘是失去意識的，因為接著我所看到的，就是詹姆士和弗里德里希朝著我彎腰，於此同時，我正從髒兮兮的柏油碎石上爬起身。看著他們在街燈映照下斑駁的臉龐從我上方逐漸逼近，我想，我是從他們嚇壞了的表情才開始了解到究竟發生什麼事。為了拍完這部B級片的續集，我摸摸脖子，再把手放下，然後看著血跡。

我遭到其中一名暴民以破掉的酒瓶襲擊耳後，感到頭暈目眩又血流不止，被路過的人開車送往最近的急診處。當詹姆士和弗里德里希堅持吵著要馬上致電的同時，有位超沒同理心的年長護士正在幫我縫合，她對我說：「你的朋友傷得比納粹份子還重。」隔天，有一名來自德國小報的記者還被我氣到，因為他想替我沾上血跡的襯衫拍照，我卻把襯衫給洗了。「那件有血的襯衫呢？」他甚至要起東西來了。

東德共產黨的《新德日報》（*Neues Deutschland*）以「法西斯份子在西柏林的遊樂園」（Playground for Fascists in Westberlin）為標題，對此事進行頭版新聞報導。馬克思理論曾主張法西斯主義是資本主義走到窮途末路之後的產物，報導的內容正與這主張相符，寫道「在多特蒙德舒爾特海斯柏林聯合啤酒釀造公司（Dortmund Union-Schultheiss）的支持下」，酒吧負責人已經：

在西柏林中部成立新納粹主義與軍國主義的中心。新納粹「維京青年」的成員對於首次採取恐怖行動對抗政治異議人士深受鼓舞。他們威脅三名記者——其中兩名是英國人，現正研究著納粹第三帝國的檔案紀錄——並尾隨他們上街，施以痛打。截至目前，國家檢察官尚未採取任何行動。

實際上，西柏林和英國軍政府皆對此案很感興趣。我在接受當地國安單位訪談許久後，又在停屍間接受一個叫史賓格勒醫生的微型醫檢。那些維京青年在證實身分後遭到逮捕。於是我們前往莫阿比特區（Moabit）那棟教人望之生畏的法院大樓，即柏林中央刑事法院（Old Bailey）出庭作證，他們全被定罪。

但詹姆士和我不同，他並不像我那樣對東德特別感興趣，即便我日記裡記載著一段他似乎在滿腔熱血下所曾說過的話，也就是對於他那樣的左派份子來說，社會主義下的社會是否擁有發展的可能，這才是最重要的政治問題，而當今左翼黨（the Left）從一九八九年一路以來的演變，顯示出他所說的再正確也不過了，即便這對當時西德的左派人士，尤其是一九六八年曾在西柏林的街頭遇過恐怖的老太太揮舞著雨傘、尖聲要他們「滾到那裡去」（東德）的人來說，可說是難以接受的事實。

六八世代則透過幾個詭異的方式來應對這樣的詭異。如今，有些人會竭盡所能——或者不費吹灰之力？——去了解東德所有美好與進步的要素，如社會安全、零失業率、女性機會平等、開設幼兒園等。一如學者或記者，當他們寫出有關東德理想化的言論時，還會添加對祖國廣泛的誤解，其中不乏反對自己食古不化、冷戰時反共產主義的雙親；還有比起「極反對共產主義」，較沒那麼支持共產主義；同時更抱持著一線希望，深盼社會主義的百年計畫，並不會因東德所實行的「社會主義」而招致惡名。

有些人，如柏納德，則成了東德體制、柏林圍牆等徹頭徹尾的捍衛人士，有些人更誇張。現在所有和我談過話的史塔西外國情報官員，包括馬庫斯．沃爾夫本人，都告訴我六八世代可是徵召特務的大本營。當然，就數字上來說，這些特務只占了六八世代的極小部分，恐怖份子也是一樣。這個政治世代的人多數都沒踏上以上的路，反而看往別處，他們從西德往西看，朝西方、南方和北方走，就是不往東行。不知為何，就連在西柏林的人也要應付這些，即便他們早已被東德團團包圍。

就詹姆士的案例看來，我並不認為意識形態上的憂慮是促成他對東德興趣缺缺的主因。當我們今天再度談及此事，他提醒我《衛報》有個東歐記者在謹慎的捍衛國家領土時，可是一點都不亞於布里茲涅夫。東德屬於她的轄區，詹姆士若試圖跨越圍牆，那麼她可是會毫不猶豫的向他開槍。

詹姆士生於一九四九年，屬於六八世代的英國人，我比他小了六歲，算不上是六八世代。史塔西在我開場報告的意識形態評估中寫著「資產自由」恰好正確。抱持著單純浪漫愛國主義的我，十分關切我視為個體自由下的英國傳統，而且我想要他們也能享有這種自由。我崇拜的知識份子有史學家麥考萊、作家喬治．歐威爾和政治思想家以賽亞．伯林（Isaiah Berlin）。我常說「我是柏林人（Ich bin ein Berliner）」，指的就是我是以賽亞．伯林。在懷抱著這些個人的政治理念下，我是絕不可能對東德抱持著同情的觀點。但我之所以對東德深深著迷，主要不是因為「自由反共產主義」，而是因為在這，在東德，人們實際上**正在經歷**那些永無止境、困難不已的抉擇，也就是該選擇與專制獨裁合作，還是與其對抗。在這，我可以一如既往，立即探討起史陶芬堡和史畢爾的問題。

在這，我也找出「歐洲精緻的文化」與「系統化的殘酷」之間的密切關連。喬治．史坦納[10]就曾在《藍鬍子城堡：對文化再定義之討論》（*In Bluebeard's Castle: Some Notes Toward the Redefinition of Culture*）一書中指出這樣的關連，我在十七歲閱讀那本書時，便已印象非常深刻。在我日記中，我把這現象稱為「歌德橡樹」（Goethe Oak），因為歌德可能曾在威瑪附近埃特斯貝格山（Ettersberg）上的古老橡樹下完成出眾的詩作〈遊子夜歌〉（Wanderer's Nightsong），但是同樣那棵橡樹，後來卻被劃入納粹布亨瓦德（Buchenwald）的集中營地內。歌德和布亨瓦德，人類歷史上的高潮與低潮，曾經就這麼落在同一處。一個地方叫威瑪，一個地方稱德國，還有一個地方喚歐洲。

我對獨裁專制及其反抗勢力、善與惡的極端、文明進步與野蠻落後的深深著迷，這也帶領我更進一步來到共產黨所統治下的歐洲。一九七八年夏天，我曾和七名英國里茲大學中教授馬克思及列寧主義的老師、一名蘇格蘭工程師，還有一位名叫「天佑」（Godsave）的前皇家警察，穿過阿爾巴尼亞，踏上名為「進步之旅」（Progressive Tour）的旅程。在喝過一杯加入少數烈酒、且經共黨統治下的阿國人民以率領剛果獨立的帕特里斯．盧蒙巴（Patrice

Lumumba）命名的「盧蒙巴」（Lumumba）咖啡後，天佑先生向我坦承，他如今已經遊歷過全世界的每一個共產國家。我問他為什麼，他說：「知彼知己、百戰百勝啊。」

隔年夏天，我開車橫跨當時所謂的東歐六國，並在波蘭發掘到我尋覓已久的反抗精神。那個國家看似貧窮、髒亂、乏人問津，卻又不失零星的古老之美，該國人民更因正接受波蘭裔教宗若望．保祿二世難得前往該國朝聖並予以加持之下，顯得魅力無窮。波蘭第二大城克拉科夫（Kraków）中，剛毅不屈的羅薩．沃澤尼亞沃科斯（Róża Woźniakowska）在享用過名為「尼爾森之腸」（Nelson's Bowels）的牛肉料理後，咯咯笑著告訴我，一如克拉科夫的大主教，未來的教宗是如何下令要求過去曾遭當局所禁、主題為「歐威爾的《一九八四》及當代波蘭」（Orwell's *1984* and contemporary Poland）的任何課程，皆須在教堂內進行。華沙中，自奧斯威辛集中營及史達林牢獄中倖存、剛強堅韌的瓦迪斯瓦夫．巴托謝夫斯基（Władysław Bartoszewski）在一間擁擠的餐廳內午餐時高聲對我說出：「我們指望蘇聯帝國能在二十一世紀崩落！」這與怯懦的東德儼然形成強烈對比。

回到西柏林，我得知詹姆士決定搬走，還問我要不要承租他在維蘭德街一百二十七號的公寓。雖然戰爭曾在那棟建物的外觀留下痕跡（為求美觀，他們僅用灰泥粉飾起那些不尋常的滴狀鑿孔），屋裡卻仍是細緻精美、古色古香：你從威漢米內公寓石膏半身像和撒著花瓣

---

10 George Steiner，猶太裔文學評論家，除了文學批評，也涉足神學、音樂、哲學，最著名的作品為《巴別塔之後》。

的天使畫像下走上另一個大理石階梯，到達一扇灰色木門，開門後便能通往一處寬度足以擺下一台大鋼琴，高度可能達到十五英尺的長廊。長廊左側有兩間較小的房間，接著是三間美麗、設有高窗的大房間，房與房之間以木工精細、極高的雙開門相連。前房客是來自伊朗的政治難民，如今他們已經回到他們所認為的自由祖國，但在那一大張雙人床上方，仍舊貼著令人毛骨悚然的海報，報上寫著「伊朗王（Shah）必亡！」

我怎麼拒絕得了這麼棒的地方？所以我告別了特羅因斯泰因路上的小公社，然後租下這裡。日記中記錄著我在柏納德準備去東德出差前，見到他最後一面。雖然柏納德理論上相信東德比較好，但他還是不怎麼愛去那裡，因此他的車載滿了瓶瓶罐罐、香菸和一袋袋來自西德的供應食糧。「你知道那邊的食物超難吃的，」他解釋著，「還有服務……」再見，夥伴。

對學生而言，維蘭德街的公寓太過昂貴。實際上，自從我來到柏林，我開心又迅速地把祖父所留給我的一小筆遺產花光了。我祖父有段時間曾經擔任特許會計師學會的主任，而我只有在祖母家的鋼琴上看過他神色嚴厲的黑白照片。不知怎的，我覺得他並不會允許自己在經過維多利亞時代省吃儉用所攢下來的積蓄，被我給拿來花在「艾克斯．巴克斯」、蘿咪海格夜總會和「食迷」這樣的地方，遑論華沙或阿爾巴尼亞的首都地拉那。

現在，銀行經理人寄給我的信裡，口氣已經變得有點嚴厲。為了緊縮開支，我開始為我的公寓尋找其他房客。首先，伊莎貝拉（Isabella）——原先我在維蘭德街時美國室友的女友——她承租下前面的兩間房，接著是臉色蒼白、面容俊秀且雙手不離尼采作品的丹尼爾．強森。他常會一早從雙開門破門而入，眉開眼笑的告訴我他又找到另一個悲觀的德國人了。最後，波蘭雕塑家梅爾（Mel）和他太太點點（Dot）成了我們的室友，他倆拋下一切來到德國，就是為了尋求政治庇護。「波蘭好，波蘭共產份子不好！」點點以不道地的德語解釋著。我完全可以理解她的意思。此時梅爾正吃著早餐配白蘭地，並讀起參加雕塑大賽時所要說的德文官腔用語，他突然驚呼「德國納粹空軍，倫敦！」（Luftwaffe London!）他用來參加雕塑比賽的雕像是一對男女緊緊依偎、背對著可怕的新世界，而那正是梅爾和點點自己。路上仍不乏有咖啡廳和漂亮美眉，而丹尼爾總會說：「你注意過史坦納用了黑格爾（Hegel）哲學概念裡『環節』（moment）的這個字眼嗎？」進而讓那些美眉心生崇拜，驚為天人。

一九七九年底，我準備搬離這個充滿歡樂的巴別塔，繼而前往東柏林。英國剛與東德簽署一份新的文化協議，身為洪堡大學研究生的我，將會在那擁有一處新的住所。

當時，牛津和倫敦似乎非常遙遠。我偶爾會飛回英國幾天，探望父母，在《觀察家》用午膳，看場劇，和友人共進晚餐，然後掙扎著——之後每趟回來多半如此——回答毫無可能、不太感興趣的問題，如「……是怎樣的？」我會搭乘火車前往牛津，和指導教授聊聊，在布萊克威爾書店買幾本書，回到倫敦參加公務人員考試，然後下一趟回來再參加「對外事務機構」（Foreign Service）的面試。

當今的「對外事務機構」一般指的就是外交部，但在英國，這可能代表著些許不同的單位，那就是「祕密情報局」。直到我開始調查史塔西的檔案，我才開始思考這一件多年來我從沒思考過的事。為了重新取得細節，並重建那遙遠的我，我得去深掘我的回憶、我的日記，甚至是貯放在屋簷下一只布滿灰塵的舊皮箱。

在我十九、二十歲還是牛津的大學生時，我對諜報主題挺感興趣，且深受二戰時英勇的真實故事啟發。大戰結束三十年後，有些曾經參與英國間諜活動的牛津教授，特地完整寫下英國當時出色的諜報史。我慢慢覺得還是有一種反抗蘇聯共產主義，而非納粹德國的戰爭正在進行著。來自英國但之後卻成為蘇聯共諜的菲爾比、伯吉斯（Guy Burgess）、麥克林（Donald MacLean），以及尚未確認身分的「第四人」，他們的人生故事，都引發了我強烈的好奇心。我也很喜愛格雷安・葛林所寫的小說，其筆下的 Greeneland[11]，主要描寫的就是諜報活動。

我常在房裡面對著董事會，跟某一個特別的大學同窗喝咖啡聊起這件事，而且一聊就是好幾個小時。我後來得知，他父親曾在軍情五處（MI5）工作。不是因為我對諜報格外著迷——格雷安．葛林顯然如此——而是因為除了戲劇、現代建築、文學和政治學，這也是讓我很感興趣的題材之一。

於是，我回憶起燦爛的晨光照耀著牛津大學埃克塞特學院（Exeter College）前院的畫面，當時我正在禮拜堂該側某處，有位高眺、親切且身穿軟呢服的學院院長朝我走來，在他為了保密而壓低音量下，我已經記不得他確切說了什麼，但重點應該在於他已經耳聞我可能對諜報很感興趣，或許他可以跟倫敦的某人談談這一點？

如今，對我來說，這似乎比較像是一部電影的開場，而不像是發生在我生活中的真實事件。「陽光照耀著牛津大學學院所圍起的四方庭院，綠油油的草皮，砂岩質地的校牆。身穿軟呢套裝的大學教授繞著方院行走，並在禮拜堂下攔住了一名滿臉稚氣的大學生。我們記下他倆在分開之前說著『……跟倫敦的某人談談……』、『院長，謝謝您……』，場景切到倫敦一間樸素的辦公室裡……」

我在屋簷下皮箱裡所埋放的資料夾中，發現了一封一九七六年六月八日所寫的信。信的抬頭是英國外交部（Foreign and Commonwealth Office）某個從未出現在官方出版品、看似

---

11 此處的 Greeneland 為雙關語，一則用來指葛林小說中的場景，一則係屬借用英文中的同音義異字 Greenland（格陵蘭島），來表示其筆下的世界通常就是像該島那樣窮鄉僻壤的偏遠地區。

來歷不明的單位名稱，地址則在倫敦市中心。「【本單位】肩負起為處裡召募人才的責任，我得知你會有興趣了解入處服務的可能性」，隨函附上寫著「探索性談話」（exploratory talk）的表格。「你若得特地前來倫敦一趟，那麼想當然耳，我將支付你搭乘火車二等艙的交通費。」信末的署名是個真名，我曾在一九九五年的《外交官名錄》上再次看到。

如今，我看到那間樸素的辦公室，還有一個隱約有點邋遢、禿頭、下巴有疤的男人。我所記得的對話，只有他一直向我強調在這裡服務既不會帶來外在的地位或榮譽，也不會獲頒頭銜或勳章。當時我二十一歲，覺得這很奇怪。雖然至今我仍覺得很怪，但較能想像成為那單位裡的一名中年成員會是怎樣的：表面上你是外交官，眼睜睜看著那些能力比你還差的同事，也就是那些穿著體面的外交官，就這麼一路平步青雲——從參事、部長，再到大使，然後一路到被授予「聖米迦勒及聖喬治勳章」（Order of St Michael and St George）中的「同袍勳章」（Companion，即CMG）、「爵級司令勳章」（Knight Commander，KCMG）、「爵級大十字勳章」（Knight Grand Cross，GCMG），或者一如早期，戲稱那些是「叫我上帝」（Call Me God）、「請叫我上帝」（Kindly Call Me God）、「上帝叫我上帝」（God Calls Me God）。[12]我查看面試我的人在一九九五年《名錄》中的資料，發現他連續五年的職稱都是「一等祕書」——這下可沒人叫他上帝。

總之，對那單位來說，我還太過年輕，於是我又回到牛津讀歷史系。我從髒兮兮的資料夾中發現，我在一九七八年夏天前往柏林前，又重新申請那份工作，甚至還留存當初申請表的影本，在「主要興趣欄（政治與社會活動、主要閱讀作品、藝術、科學等）」寫著「國際關係、兩個德國、東歐……主要閱讀目前時事及當代歷史、現代歐洲文學、英國文學及一般評論、傳播媒體」。我也坦承自己是「英中了解協會」（Society for Anglo-Chinese Understanding）的成員，那是由一群志同道合的人所成立的組織，調性溫和，而我之所以加入，純粹是因為我對中國大陸很感興趣。（我那本《毛主席語錄》小紅書還放在我的書架上。）至於聯繫人，我則寫上院長——那是當然——我的舅公休·林斯戴爵士，退休議員，還有我乾爹，出庭律師，同時也是英國皇家御用大律師，不久後即將擔任高等法院的法官。備受尊崇，德高望重。

當我於一九七八年秋天參加公務人員考試（我的日記寫道，當時「建設性思考」只占總成績的百分之十），然後在一九七九年初參加由英國文官遴選委員會（Civil Service Selection Board，CSSB）所舉辦的測驗，這都是因為我同時向對外事務單位的外交和情報部門遞出申請。一如許多現在的畢業生，那時我有不少選擇，而我在諸多考量後選擇了這兩條路，一直到大局底定。之後，我又於一九七九年五月十七日從柏林飛回倫敦短短一天，就為了與祕密情報局進一步面試。我的日記僅寫著「兩個半小時，面試，大遊戲[13]（Great Game）」，然

12 以下三個戲謔用語簡稱亦為CMG、KCMG、GCMG，與上列勳章縮寫完全一致。

13 吉卜林（Rudyard Kipling）經典作品《金姆》（*Kim*）中的主角金姆被迫接受教育，且被訓練成一名間諜，為英國統治者蒐集印度情報，該任務即稱為「大遊戲」，亦即反間諜戰。

後回到柏林，途中我前往英國皇家藝術學院觀展，打了通電話給既是《文匯》（*Encounter*）雜誌編輯，同時也是冷戰退役軍人的梅爾文・拉斯基（Melvin Lasky），「這場面試打亂了我的行程」。

至今回想起來，我看到位於倫敦西敏寺白廳路[14]上某處的房間，厚重地毯，紅色皮革，深色木頭，有幾個人坐在桌子後方。在他們當中，我認出一名牛津大學資深的歷史教授，而我所能回想起的實際面試過程，只有他們要求我假裝是英國的「外交官」，然後在西班牙巴塞隆納的餐廳或酒吧裡和可能的聯絡人碰面的橋段，而聯絡人就是由桌子後方的某位男士扮演。在這段虛構的對話中，我記得最清楚的，就是我在好幾次對話中斷時，都會說「再來一杯吧」，這似乎讓委員們挺滿意的。

然而，我在檔案夾裡又找到另一張潦草寫著有關這次會面的紙條，上頭的字跡有一部分已經無法辨識，但除了提到「巴塞隆納的那一段高談闊論」、利比亞、「對於歐洲共產主義的論點」，我還赤裸裸的寫著「背叛朋友」。難道當時我又被問起在「背叛朋友」和「背叛國家」之間如何抉擇之類的老問題嗎？

從日記上看來，我似乎在一九七九年六月十一日從柏林飛回倫敦「英國祕密情報局」（Secret Intelligence Service，簡稱ＳＩＳ，通稱「軍情六處」（ＭＩ６））總部進行體檢和安全檢查，再到泰晤士河南方一棟不知名的辦公大樓，然後又前往名為「河流之南」（South of the River）的餐廳用午膳。除了報到處和辦公室太過平凡——一如旺茲沃思區委員會

（Wandsworth Borough Council）房屋部裡灰色的卷宗櫃、擁擠的辦公桌、身著西裝單調乏味的人——以致引人注目之外，我對此行並無太大印象。

然而，這次的事日記裡記載較多。當我回到特羅因斯泰因路上的公社公寓，我寫下有關「辦公室、公司、服務……開心的祕書和信差。醫生（長得）很像英國記者麥坎·穆格里奇（Malcolm Muggeridge）……正和一名員工諮詢有關酗酒的問題，很外行，刻意穿得很邋遢」等印象，還寫道「我向有點可笑，卻無疑辛辣尖銳的『貝蒂』（Betty）做簡報」。「看起來滿**蠢**的」貝蒂似乎還問起我父母和兄弟「**知不知道**這事？」。

我特別記下吸引我的地方：「GG小說中的要素（GG就是格雷安·葛林）……謎一般的事件。感到自己是菁英。遊戲中的挑戰。」但我也很不安。我在日記裡寫到那個溫文儒雅、請我吃午餐的官員時，我的評論是「或許這就是（鐵定沒那麼極端的）**英國**版**歌德橡樹**」。然後，有關我提出要遊歷蘇聯集團[15]，「他的說詞不但聽起來很不吉利，而且警告意味濃厚（此時我正吞下美味的餡餅）……『我們寧願你在我們的控制之下。』」日記最後寫道：「回到機上，我讀著英國牧師潘霍華（Dietrich Bonhoeffer）的作品，發現——又是發現——我對學術的喜好，於是當下幾乎已決定要踏上哪一條路。」

---

14 Whitehall，英國中央政府的所在地。

15 Soviet bloc，又稱東方集團，即歐洲社會主義陣營的成員。

然而，資料夾裡的最後一份文件是一封信的影本，時間地點是一九七九年六月二十一日的特羅因斯泰因路，信裡我只寫著「我想延期到一九八〇年九月再就任。」這舉動仍保留著一個開放性的選擇，足夠縝密小心。不過當時我早已啟程，打算花上兩個月開車遊歷整個蘇聯集團——不在任何人的控制下。我最後能在日記中找到有關這主題的內容落在一九七九年十一月，寫著「『我們要你在我們的控制下』，所以我不願意。」因此，我是在明確的決定拒絕加入下，這才出發前往東柏林。

在英國，與祕密情報局有所聯繫一直都帶著點**傷風敗俗**的魅力。從毛姆、阿利斯泰爾．霍恩[16]到崔姆．魯普[17]，這些知名作家、傳記作者和史學家過去一直都與情報局有所聯繫，此事眾所皆知，而身為大學生的我有一部分就是被這所吸引。但如今透過史塔西檔案證實這點、又在中歐耳濡目染多年之後，我並不覺得那麼開心。即便我從未加入，我想像著自己試圖向聽到「祕密情報局」馬上就覺得是「祕密警察」的捷克或波蘭友人解釋，當時我是經過再三思量才想加入祕密情報局；我實在很難，而且幾乎不可能讓他們真正了解，對於一個曾在英國公立學校這樣奇怪的培育場所受教育的牛津大學生來說，當時的情報局看起來是怎樣的。在沒去追溯深究那一段已經忘得差不多的童年歲月下，他們同樣也會覺得有些事情很難向我解釋清楚。

一開始……是不是孩童時期就要讀吉卜林的經典作品《金姆》（*Kim*）？但願這只是陳腔

濫調，不過這或許就是真的。我對於在印度西北邊界進行「大遊戲」下的浪漫故事鐵定比較熟悉，因為我外公曾被大英帝國派往英屬印度殖民地擔任公務員，所以每當我拜訪外公外婆，他們當初在英屬印度時的故事總會讓我如癡如醉：不是在叢林裡騎大象，就是走到酒吧時突然有老虎從巷子一躍而過。

然後，可以肯定的，還有我父親對於戰爭的記憶，嗯，在我大概六、七歲時，我母親都會把我帶在身邊，聽父親說起他在一九四四年隨著第一波海浪登陸諾曼第的故事，並向我展示軍功十字勳章上的標語：「……在諾曼第的橋頭堡與敵方持續苦戰時，他立即顯現出處變不驚、英勇無畏……他在整場戰役勇往直前、盡忠職守的行徑，深值我們高度讚許……」這段文字雖不免落於俗套、顯得僵化，卻仍教我為之動容。

接著是我在八歲時離鄉背井、被送往只收男學生的傳統英國寄宿學校這段「人格養成」的經歷。聖艾德蒙中學的紀念日活動；通往謝伯恩男子中學禮拜堂冷冰冰的階梯，牆上鑿刻著戰亡的人名；每天不斷疊合「愛國主義」、「服務」、「犧牲」的言詞；真正的戰爭英雄回來參加紀念儀式；然後，又是吉卜林（「他曲高和寡」）；約翰．布臣[18]絕妙的冒險故事；

---

16 Alistair Horne，（1925-2017），英國記者，傳記作家，歷史學家，特別是對十九世紀至二十世紀法國史有深入研究。
17 Hugh Trevor-Roper，（1914-2003），英國歷史學者，對早期英國史與納粹德國有所研究。
18 John Buchan，（1875-1940），英格蘭小說家及政治家，曾任加拿大總督。

很神的是，甚至還有托爾金青少年時所說的話；我想，還有一點點伊恩．佛萊明[19]毫無深度、虛構的龐德，以及可以捱過住校生活的日常守則，也就是要求還非常年輕的你，要像金姆一樣學習仰賴自己，並養成守口如瓶的習慣。

我要怎麼向從未經歷過這些的人解釋呢？

我非常了解人們是怎麼一步步進入情報世界。在其本質下，只有圈內人才說得清楚那世界究竟如何——但他們不被允許這麼做。不過，即便我無法確切得知自己究竟錯過什麼，或避開什麼，我對自己並未加入情報局還是感到鬆了一口氣。我會對抗共產主義，只不過是透過我自己的方式，也就是寫作。

之後，我再也沒有跟軍情六處有任何更進一步的接觸了，或者，更嚴謹一點來說，「就我所知」並無接觸。當我在不同國家之間遊歷，我會偶爾不經意回想起英國大使館那個才剛親切的請我吃過午餐或喝過飲料的奈傑爾（Nigel）、狄克（Dick）還是卡薩琳（Catherine）可能是名間諜。即便他們當中有一、兩個人的確就是間諜，但他們鐵定不會讓我知道，總之，我發現還是跟當地人聊天有趣多了。

人們總是對英國祕密情報局抱持著一種迷思，也就是在境外工作的英國記者、作家和學者十之八九都是間諜。那些在西柏林的德國記者就曾懷疑過詹姆士．芬頓可能是間諜，同時懷疑我是間諜的不只有史塔西，還有我在柏林的波蘭朋友。此時，詹姆士和我坐在酒吧裡，無所事事的思考著張三或李四也許並沒有替軍情六處做事。在許多案例中，這可能只是某個敵方機構或惡意對手之間的閒話家常，又或者只是在既有迷思之下所想像出來的產物。但在某些案例中，這卻是千真萬確，有些「記者」和「學生」，他們不僅是外表所看起來的那樣。

所以我對史塔西決意要對我加以審視既不驚訝，也不惱怒，讓我真正感到震驚的，在於他們不但暗中跟監自己的人馬，居然也讓他們彼此互相監視。進行跟監、恐嚇和壓迫的是一支龐大的軍團，其中「舒爾特」、「史密斯」、「米赫拉」和其他人，都只不過是幾個基本的步兵而已。但對我發動調查，這本身尚屬祕密情報工作的「正常」範疇。一九九四年，也就是在我著手寫起本書後不久，時任英國祕密情報局反間諜部軍情五處處長斯特拉・瑞明頓夫人（Stella Rimington）曾在講堂上評論道：「有些政府將會無所不用其極——譬如讓他們的學生來英國讀大學——繞過國際協定這個管道，來取得他們所想要的。目前我們正與他國密切合作，識破他們的手法、阻撓對方。」

再者，我對英國政府並無任何隱藏的待辦事項，但我對自己卻是有的。我在《觀察家》用起筆名，顯然也沒告知東德相關當局我在忙些什麼，其實我是在蒐集有關東德獨裁政權的材料。而且當我知道越多，我就越感到厭惡。我是不是準備私下透過文學的方式，嘗試去進

---

19 Ian Fleming，（1908-1964），英國作家、記者，作品中最著名的是詹姆士・龐德系列，與兒童故事《萬能飛天車》。

行一場顛覆行動？我確實如此。

對於一個像東德這樣建立在完全掌握媒體、審查並組織謊言的共產國家來說，任何深入剖析的研究或評論性的報章雜誌都極具破壞性。西方記者平常都是受到史塔西十三之二（II/13）反情報處的盯防，一部分是因為他們正在尋找以記者身分為掩護的間諜，另一部分則是因為對史塔西來說，記者和間諜的界定並不明確。對他們來說，西方記者和西方間諜都是西方蒐集情報的特務，雙雙會對共產體系的安全帶來威脅。

當然，所有政府總會想要抑止棘手的探查，並把評論人士「妖魔化」，稱其為「顛覆人士」。西方政府在冷戰期間就常犯下這種錯誤。但我目前在東德所做的，是絕不會被西德、英國或美國視為「顛覆行動」的。可以確定的是，其中的差別不在於「完全自由媒體的純白」和「毫無自由媒體的純黑」，而在於「多數自由下的淺灰」和「多數不自由下的深灰」。在東德，那種灰是極深的。

不像史塔西，對我來說，暗中擔任政府的間諜和（偶爾躲躲藏藏）當起作家，這兩者是涇渭分明。但這兩種職業之間，還是存在著讓人不安的關連性。那種相關，甚至可以從語言中看出端倪。西德祕密情報局的全稱是「Bundesnachrichtendienst」，按字面上翻譯，即「聯邦新聞局」（federal news service）。相反的，最早期有些德國報紙稱「Intelligenzblätter」，即「情報單」（intelligence sheets）。而十九世紀《觀察家》的首要議題，就是公開聲明「新聞主體即是傳播情報」。在老舊一點的觀念裡，我既然是《旁觀者》的人，那麼我也就是「情報」間諜，為讀者提供諜報。

在這方面，我並非形單影隻。許多書寫專制獨裁報導的記者都做過和我類似的事，大部分的記者多少也都會涉獵一些，同時，不單是記者，其他方面的作家也會在這領域找到一席之地。格雷安·葛林就在自傳中寫道：「每位小說家都和間諜有些共通之處：他會觀察、偷聽、找尋動機、分析人物，而試圖付諸文學的他，是不道德的。」但他又能多不道德呢？而且透過什麼方式來達到文學的目的才又是正當的呢？

第三章

在我穿過圍牆的前一晚，我邀請西柏林的朋友和熟人舉辦了一場派對，還敞開維蘭德街一百二十七號上連接公寓房間的極高雙開門。根據我的日記，我直到一九八〇年一月七日週一清晨四時四十五分才就寢，接著六時十五分就起床，打包好行李，寫完最後幾封信，便開車通過查理檢查哨和東德邊境站（「一路順暢」），沿著大雪紛飛的菩提樹下大街駛過亞歷山大廣場（Alexanderplatz），再一路順著麗宮大街（Schönhauser Allee）開往我位於艾里希．魏納特大道（Erich Weinert）二十四號上普倫茨勞貝格藍領階級區的新家。

檔案中，IM舒爾特提醒我房子看起來是怎樣的。他以單行行距整齊的打字，記載著：「（對老舊一點的建物來說）這房間相對較小，有一扇面街的窗。房門是從房內鎖上安全鎖，那個鎖似乎是最近才剛安裝。除了床、桌子和兩張椅子，你還會——和我一樣——發掘出有個前房客主要用來放書的餐具櫃。桌上攤著報紙（我注意到最上方放著幾份《週日報》〔*Sonntag*〕）」，報上邊欄寫滿了密密麻麻的註解，可見看得非常仔細，報紙旁邊還有幾本字典。或許因為舒爾特已經習以為常，所以他沒有寫到房裡普遍昏暗，還有赭色的牆壁、地板上的褐色油地氈、廉價的塑膠燈罩，以及刺骨的寒冬。

我在這房裡和塞滿東西的深色長櫃共處九個月後，才於一九八〇年十月七日，也就是東德創立三十一週年國慶日離開東柏林。東德如常會在該日舉辦閱兵遊行，以示慶祝，即便西方二戰同盟國抗議此舉有違柏林四強的地位——一九四五年與俄國人所達成的協議，至今仍具效力——卻是徒勞無功。在我前去觀賞遊行的路上，我遇見一名美國黑人大兵拿著大大的泰迪熊，即莫斯科奧運的紀念品，興高采烈的走過亞歷山大廣場。當蘇聯少年先鋒隊（Young Pioneers），也就是共產黨的男女童軍，咯咯笑著，發送巧克力和鮮花給恩格斯禁衛團的士兵，我看到一名身穿卡其制服、頭戴綠色貝雷帽的英國官員拿著活動四角梯上上下下，拍下整場慶祝活動，稍後，恩格斯禁衛團持著槍管中放入康乃馨的萊福槍邁步走過。

史書上記載一九八〇年一月到十月這段期間，東西方衝突越演越烈。五月，美國因抗議蘇聯占領阿富汗，帶頭發起抵制莫斯科奧運，顯然美方的訊息並未傳到亞歷山大廣場上美國大兵的耳裡；而西德在此時心不甘情不願的加入美國的行列。八月底，波蘭掀起的一陣罷工潮，在其副總理於北部格但斯克港（Gdańsk）的列寧造船廠（Lenin Shipyard）和罷工人士簽下協議之後畫下句點。該協議接受工人有權成立獨立工會，並將新工會取名為「團結工聯」（Solidarity），這在共產主義的歷史中算得上是前所未有的讓步。有些作家直指這將「促成二度冷戰」，聽起來很嚇人，不過卻忽略到一項事實，那就是冷戰從來就未真正停歇。

我的生活至此才開始與外在歷史直接接合。先是東德，接著是團結工聯革命時的波蘭，公私相互交錯。從我西柏林的大公寓到東柏林的小房間實際距離不到十英里，但心靈上的距離卻相差數千英里。我時常短暫停訪西柏林：檔案裡確切的記載著我每次跨境的時間和地點，而我西柏林的朋友不是向我致電，就是前來我昏暗的住處探望我。

但我發現，就在我入住東德後十天，我激動的在日記上寫道：「除了我對自己在西柏林生活中（字跡無法辨識）的熟人漠不關心之外……我**出於自主的感到厭惡**。為什麼？因為多數西德人士所關注的事（相對）沒那麼**重要**。人類在所謂的平等啊自由啊正義之下逐漸縮減、折損，這很**重要**；有人僅僅因為想要離開自己所出生的國家便鋃鐺入獄，這很**重要**；阿富汗發生了何事，這也很重要。」一個月後，我接獲艾琳的來電，「天啊（Ach），**那個**電話『交友』和『交友』問題沒完沒了的世界。」

我還是想在東柏林繼續進行有關第三帝國下柏林的研究論文。檔案裡包含我在牛津的導師——提姆·梅森（Tim Mason）和托尼·尼克爾斯（Tony Nicholls）——寫給英國大使館的推薦信，而大使館也為新文化協議下首位參訪研究生的我安排好住所。提姆·梅森的教學

---

1 東德國家人民軍隊（East German National People's Army，NPA，德文為 Nationale Volksarmee，縮寫 NVA）的一支，名稱源自德國哲學家暨馬克思主義創始人之一弗里德里希·恩格斯（Friedrich Engels），其屬於「榮譽部隊」（Honor Guard），又稱「軍儀禮兵」，主要職責除了駐守 NVA 之主要據點外，並於國家重大慶典時舉行軍禮表演，具有象徵性意義。

風格不但相當鼓舞人心，在牛津的史學家中，他也是相當罕見的馬克思主義者，算是很標新立異、很大英帝國的那一類。的確，他在史塔西的鑑定下，還不夠格成為一名馬克思主義者，因為在我的檔案中，史塔西評估他是「出於資產自由民主的立場」進行寫作。他在聖彼德學院的辦公室牆上掛著一張馬克思與恩格斯宣告「人人都談論天氣——我們不！」的海報。這充分體現出提姆．梅森向來蔑視英國中產階級的無趣與乏味，還有他極度嚴肅與極其嚴謹的工作倫理。遺憾的是，他在幾年後自殺身亡。

我抱持著一種責任感，讀起提姆那封溫馨的推薦信，深受感動。我害怕他和托尼．尼克爾斯之後對我並未完成研究希特勒統治下柏林的博士論文而感到失望，但我認為，他們會轉而了解我這麼做的重點。牛津歷史學院本身廣納各式各樣的人才，甚至古裡古怪的人也不例外。時任近代史教授李察．寇布（Richard Cobb）就是個滿腔熱血、完全不按牌理出牌的人，他還在人們提不起勁的週五午後，於牛津大學泰勒圖書館某個擁擠的角落開課，他在課堂上有時還不太清醒，出席的學生也寥寥無幾，但對我來說，課程內容卻相當吸引人，他總會在課堂上隱晦的引用《聖經》典故，聲稱：「在歷史系的家裡，有許多華廈」[2]，暗指牛津大學中人才濟濟。

事實上，我的確一直花時間在檔案庫上，但我透過東德當局所取得的相關檔案卻極為有限，主要或許是一旦讀過完整的納粹檔案，你就會發現共產黨抵抗納粹主義的勢力相當微小，以及該勢力經蓋世太保滲透得極其之深，而東德之所以成立，正是建立在「它是共黨所率領的大型『反法西斯勢力』」這迷思下。我還去過菩提樹下大街上老舊柏林國家圖書館（Royal Library at Berlin，後更名為 Prussian State Library）中所謂的「特別研究處」（Special Research Department），該處收藏了所有東德不想讓一般民眾閱讀的書籍和期刊，口語稱之為「毒藥櫃」（poison cupboard）。當我讀了泛黃的納粹黨報《人民觀察家報》（*Völkischer Beobachter*），一名來自史塔西武裝勢力「菲利克斯．捷爾任斯基禁衛團」（Felix Dzerzhinsky Guards Regiment）的資深官員就坐在我隔壁桌，研讀著附有插圖的西德新聞雜誌和西方軍備期刊。

當我從納粹的黨報瞄往史塔西的官員，我的注意力也完全從希特勒的德國轉移到何內克[3]的德國。此時我堅決打算書寫一本有關當今德國專政獨裁的書。共產份子的禁欲促成日常獨特的儉樸生活：一間小房間，而不是五間大房間；街角昏暗的國營商店內單一種類的厚重黑麵包，而不是維蘭德街上我公寓附近烘焙坊裡二十多種不同的麵包、蛋糕捲、可頌和糕餅。在這樣強制的儉樸生活下，我變得更加一心一意，前往蒐集我所能取得的全部資料。

舒爾特說我鑽研媒體，這點觀察正確無誤。我看電視、聽廣播、讀起更加冒險緊張的當代小說，而這部分取代了我所缺少的自由媒體；還常去看劇。柏林劇團如今成了一棟上演布

---

2 In History's house are many mansions，源於《新約聖經》〈約翰福音〉第十四章第二節：「在我父的家裡有許多華廈」（In my Father's house are many mansions）。

3 Erich Honecker，最後一位東德正式領導人。

萊希特戲劇的陰森大樓，但我在德意志劇院（Deutsches Theater）或人民劇院（Volksbühne）卻發現了些許的文化反抗勢力，那和我過去所讀到一九三〇年代的柏林竟是如此相似，令我無比熟悉。有時，就是那樣一模一樣的劇院，甚至是一模一樣的台詞。譬如，我猶記德意志劇院有一回上演德國愛國詩人亨利希·海涅（Heinrich Heine）的遊記詩《德國，一個冬天的童話》（*Germany: A Winter's Tale*），當演員朗誦起節錄自其中的幾段文字，內容甚是振奮人心：

我又見到了普魯士士兵
他們一成不變

現場一片哄笑。

他們仍僵硬的昂首闊步
一如蠟燭那般又直又瘦
宛若吞下了下士的棍棒[4]
老德兵都知道如何應對

即便棍棒已然遭到禁用
那根棍棒從未真正丟失
在嶄新道路的手套之中
昔日鐵腕政策依舊存在

身為研究生，我持有通行全德的簽證，於是我充分運用自己異於常人的行動自由，相較之下，受到正式認可的西方媒體記者，須申請許可，方能前往柏林市的管制區外，而且可想而知，他們在暗中受到比我更加嚴密的跟監。當我駛在滿是壺洞的路上，遊歷起整個國家，我在日記中感嘆著我為修車付出相當可觀的金額。我去過萊比錫參加招商會，首次近距離見到德國統一社會黨黨魁何內克，並對他個子如此矮小感到相當震驚；我去過德勒斯登參加一九四五年二月英美盟軍轟炸日的紀念活動，一名咖啡廳裡的中年婦人問起我：「天啊，你幹麼這麼做？」我去過格賴夫斯瓦爾德（Greifswald）探望如今在那攻讀醫學的友人羅夫・艾欽・克魯格（Rolf-Achim Krüger）；我去過呂根（Ruegen）的巴爾提克島（Baltic Island）；我還偕同安德莉亞及其前夫前往德北七湖之城施威林（Schwerin）看了一場很糟糕的歌德詩劇《浮士德》（*Faust*）表演，然後三不五時地跑到圖林根（Thuringia）樹木繁茂的小山，全

4 corporal's stick，即壓迫的象徵。

德國我最愛這裡，我當然也去過威瑪，這個德國史中最好與最壞之地。回到首都，我和一名波蘭友人前往柏林包豪斯（Ballhaus Berlin），這家舞廳還保有撥號式的桌上型電話。我們在發現一些美女之後，試撥了她們的電話，但這裡是東柏林，電話根本不通。

不過，無論我人在哪裡，我都會嘗試與人們對話，然後再寫下他們告訴我的內容。起初，人們對我心存懷疑，之後更因恐懼史塔西而疑心重重，因此對話進行得不太順利。當時我身邊的朋友老是這麼不斷提醒我，說我從不會把這種對史塔西的恐懼，再回過頭去投射在過往的經驗上。在施威林時，就曾有人告訴我們：「小心！那個演《浮士德》的主角在為史塔西工作。」萊比錫的招商會上擠滿了綠頭蠅般的告密人士。羅夫．艾欽甚至還懷疑我們的車子是否遭到監聽，於此同時，我們一邊沿著無速限高速公路開著，一邊唱著那首他所教過我的沃爾夫．比爾曼抗議歌曲。「樹枝迸出綠枒，」我們徹夜飛馳，一路唱著，「然後他們就會得知真相！」

我常會在普倫茨勞貝格區當地的轉角酒吧用餐，那裡有著塗了亮光漆的木材和垂垂老矣的服務員，由於餐廳和酒吧的座位總是很少，我常常得和他人共桌。有一回，當我喝著啤酒等待油膩的維也納炸豬排上桌，有三個和我同桌的年輕勞工正高聲抱怨起當兵時的事。突然間，他們停止交談，一臉懷疑的看著這個悶不吭聲卻又洗耳恭聽的桌友。其中一個體格最為壯碩、右手缺了一根手指並穿著美國加州大學T恤的猛男開始對我進行非正式的訊問。「好，所以你說你是史學家，」他大吼，「那你告訴我，卡爾．馬克思（Karl Marx）生於哪裡？」

很幸運的，我答對了。「好，那KDP（Kommunistische Partei Deutschlands，即德國共產黨）在一九三〇年的黨主席是誰？」又答對了。「呃，是誰讓希特勒崛起的？媽的，」他再也忍俊不住，「別告訴我是壟斷的資本主義份子。」

我的英國支票卡最終讓他們卸下心防。那加州人道歉，說起了自己的故事。他現年二十二歲，雙親住在西柏林。柏林圍牆築起的那一晚，他才三歲，恰好正待在東柏林祖父母的家。在那之後，東德當局就再也沒讓他出境過，後來他被人收養，當兵時失去了一根手指，現在是大型貨運卡車司機。有時他父親會從西柏林開著閃閃發光的新型賓士、載著小禮物來探望他，他那件加州大學的T恤就是這麼來的。

這就是他的故事。你可能會覺得很難置信，而且，沒錯，或許諸如複雜的家庭狀況等這類重要的細節，他並未坦承相告，但曾有參與這些案例的律師推估，當一九六一年八月築起柏林圍牆時，有高達四千名的孩童與他們雙親分離。最近，我更在西德總理布蘭德（Willy Brandt）的資料中發現一份機密報告，內容指出一九七二年八月，東德內還有一千多名這樣的孩童。所以，加州人的故事或許是真的：他就是沒逃脫的那一個。

無論如何，他恨透了這個體制。「那阿富汗呢？」他說，「美國人應該從巴基斯坦進軍阿富汗，把俄國佬趕個精光。」當然，他們需要邀請，而俄國人最能體現出應該如何安排邀請這回事。咱們看看一九六八年捷克斯洛伐克的共黨份子是如何邀請蘇聯來「拯救」捷克斯洛伐克，或者阿富汗民主共和國領導人巴布拉克．卡邁爾勒（Babrak Karmal）又是如何在近日邀請蘇聯為阿富汗做起相同的事。

我有個認識的人來自普倫茨勞貝格區帶點異議色彩的藝術區，他就住在艾里希·魏納特大道上一處後院的閣樓，總蓄留著多日未刮的鬍渣，既作曲又寫詩。我稱他為「年輕的布萊希特」。布萊希特曾透過其創作劇本《二戰中的帥克》（*Schweyk in the Second World War*）改編了一首反納粹勢力的歌曲，十分動聽。一九六八年，在「年輕的布萊希特」還是學生時，為了抗議蘇聯入侵捷克斯洛伐克，他曾和幾個朋友成立讀書會，研究起那首歌曲的內容：

但時光從不停歇。
那些當權者無窮無盡的野心，
如今正蓄勢待發。
一如濺血的公雞，他們將為地位而戰，
但時光從不停歇，就算權力再大，也是無從扭轉。

他給友人的信裡興奮的寫道：「我們正在組織一個反抗團體。」為此，他被處以兩年半的有期徒刑，但實際上只服刑十五個月就假釋出獄。在他出獄時，他母親已經移居西德，不得回鄉探望他，而他也不能離開東德去看她。

他考上洪堡大學，卻因有前科，不符資格，無法就讀，於是他申請移居，但遭到駁回，老婆也離開他。如今他在墓地工作，一週三天，其餘時間都待在普倫茨勞貝格波希米亞的社會環境裡。我想起有一位自由西柏林大報的記者也認識這名「年輕的布萊希特」，她曾告訴過我，她覺得他在圍牆後低調的生活比較快樂。

加州人和「年輕的布萊希特」都是極端的案例。洪堡大學曾向一對善良的夫婦承租房間給我，他們夫妻倆才算是比較典型的案例。那對夫婦博學多聞、受過良好教育，經由觀看西方電視變得見多識廣，因此幾乎把所有精力都投注在自己的私生活上，尤其是拓寬、裝飾並維修他們位於湖畔、距離柏林開車約需半小時的村舍。他們親手重建那個地方，還曾經驕傲的向我展示，包括電力抽水馬達、有屋簷的走廊、晚上打桌球的照明燈、小型的私人碼頭和電動橡皮救生艇。

我朋友安德莉亞也很專注在自己的私生活，她在離柏林非常偏遠的郊區擁有一棟破敗的老別墅，然後在別墅內那種迷人的氛圍下把孩子們扶養長大：慵懶的午後在花園裡騎著腳踏車，在湖裡划船和游泳。對孩子來說，這可說是相當樸實的田野風光，而這種生活，在大家沸沸揚揚的討論起「內在移民」和「非關政治的德國」（unpolitical German）時，早已退隱幕後，不見蹤跡。

我刻意不找西方的記者與我同行，一部分是因為我想自己找出答案，另一部分是我覺得這可能會引起當局懷疑。但不管如何，或許是不經意的，我的確常常見到路透社記者馬克・武德（Mark Wood）。麗宮大街上的路透社辦公室顯得陰森，牆上的釘子掛著一卷過時的黃色電傳打字帶，那正是希特勒副手魯道夫・赫斯（Rudolf Hess）這個二戰同盟國唯一留在柏林斯潘道（Spandau）要塞的納粹戰犯的訃文。馬克這間辦公室的前任，正是驚悚小說家弗雷德利克・佛塞斯[5]，他曾為路透社寫過一篇知名的新聞報導。他在一九六四年四月某個深夜回到辦公室的路上，目睹了蘇俄坦克車駛入市中心，於是緊急向倫敦拍了一則重大報導的電報，稱為「啪八響」（eight bells snap）──這指的是另一端老舊電報機的鈴聲真的響了八次──接著倫敦就啟動調查。直到第三次世界大戰發動在即的消息迅速傳遍了世界各地，他這才明白，這些都只不過是為了五月一日定期遊行所做的準備，於是，他很快就從柏林辦公室被調回總部。

一月的某個下雪天，馬克和我開車外出，想要一睹萬德利茨（Wandlitz）築有圍牆且戒備森嚴的官邸寓所，時任黨主席就住在裡面的別墅，聽說別墅周圍還蓋起特殊的店家和偌大的花園。門口的年輕警衛記下我倆的護照資料，當我們故作無辜、問起這片大宅院是什麼時，他緊張兮兮的回答：「沒什麼啦。」資深官員後來告訴我們，這裡可是「軍事目標」。

我在檔案裡發現一份負責首長安全的「個人安全總處」（Main Department PS）處長寫給四之二十處處長的報告，內容除了把黨主席自己設計的那一區描述為「首席代表的御邸」，還記錄了我們在十七時五十五分開著一輛深綠（其實是深藍）的愛快速（Alfasud）出現，詢問要往萬德利茨的某家餐廳該怎麼走，然後在十八時十五分被「逐出御邸」。內容還寫著馬克是在十三之二處（監視記者）的盯防下，我則仍在四之二十處（滲透教會）的盯防下、與

「山毛櫸」保有聯繫，這都在我們意料之中。

當我們熬夜到凌晨一點、在馬克辦公室旁的公寓小酌時，電話響起。沉重的呼吸聲，緊接著電話就掛了。半小時後，電話再次響起，話筒那頭說道：「我看到你有客人。」我們猜想，他們不是無聊透頂，就是想要我們上床睡覺而已。既然得知那地方已遭監聽，我們開心的高聲譴責起艾德華．馬斯頓——我在《觀察家》的筆名——的最新文章。「提姆，你讀過艾德華．馬斯頓最新文章了沒？」「讀過啦，很糟對吧？他鐵定又喝醉了。」我曾請求舒茲女士查詢有沒有這個敵方人士的檔案，但是，哎呀，中央卡片索引根本就找不到「艾德華．馬斯頓」這名字。

馬克如今已是路透社的總編輯，在東西德統一後，他得知隔壁的公寓曾經是史塔西的監控中心，其中控板的電線連接到許多已經植入路透社公寓牆上和幾間臥室裡的竊聽器，對街還設有觀察站。在技術方面，史塔西始終是所向披靡，他們唯一比不上的，就只有西方國家的天馬行空。

華納的牧師住宅，正是我所最鍾愛的地方，同時也是讓我逃離東德那種陰鬱沉悶和唯命是從的庇護所。華納擁有一張有稜有角、像極了路德般的大臉，還有深沉及音樂般的嗓音。

---

5 Frederick Forsyth，（1938-），英國暢銷間諜小說大師，著有《豺狼末日》、《奧德賽祕密檔案》等多部間諜小說。其中《豺狼末日》更被拍成電影。

他生於普魯士士兵和牧師世家，當東德在一九六一年八月築起柏林圍牆，他還只是一名二十一歲、研究神學的學生，而且正非法在瑞典度假，在與兄弟討論許久後，他最終決定返回東德。當時有一群西柏林的學生正瘋狂的替人們偽造身分文件、離開東德，如今他們卻百思不得其解的協助華納偽造文件，好讓他能在不被發現的情況下重返東德——因為就官方來說，他人應該還在東德才對。今天，他說，他想要回來的動機錯綜複雜，真正讓他一反常態、決意回來的動機，他其實只想得到一半，而其中之一，就是他覺得比起西德，「那裡更需要他」。

那裡的確需要他。身為教區牧師，他在社會上提供教牧關顧與協談服務，即便在國家的思想體系下，政府聲稱他們一手包辦國民從生到死的福利，但東德的社會上就和其他社會一樣，仍然需要教牧的服務。後來，越來越多人邀請身為潘科教區長老的他，去看照那些尋求教堂作為可以說出些許事實的自由空間、而非揭示真理的信念之地的人。

不知是喝了酒還是咖啡後，華納用他聽起來低沉渾厚、帶點舊式的德語，對我說起他努力與黨國官員交涉的事。浸濡在第三帝國時代潘霍華牧師和反納粹主義宣信會的傳統下，他仍深信與共產黨員進行對話會有結果，但他也告訴我有關他自己家人所受到的壓迫與所付出的代價。一如許多神職人員的孩子，他的長子約阿西姆甚至不得接受一般的中學教育。

我珍惜這些對話，還有在老舊牧師住宅裡溫馨、平靜的氛圍。我們偶爾會一起外出吃飯、上課，或是將特奧多爾・馮塔納[6]的《馬克布蘭登堡之旅》（*Travels around the Mark Brandenburg*）當作旅遊指南，開車遊歷布蘭登堡的鄉間。在這一百年間，這地方居然都沒什麼變！

觀察報告中多次描述我和華納的會面，有些在我現在的檔案，有些在他的檔案，有些則是兩個檔案都有。最簡短的一次描述是在一九七九年十月十七日，有一名線人在十八時三十五分於腓特烈大街盯上我，但在十八時四十五分就把我跟丟。根據我的日記，我是去參加東德共產主義作家施泰凡・赫爾姆林（Stephan Hermlin）所組成的讀書會。

他們還記錄「羅密歐」、山毛櫸和他兒子曾於一九八〇年二月二十七日前往市立圖書館：「十七時四十分，『山毛櫸』把他的瓦特伯格車（Wartburg）停在大樓前面，然後三人進入圖書館，確認在衣帽間掛好外套後，逕往二樓的講課教室而去，在那聽了一場普魯士歷史與普魯士主義的課。」有人或許會說，這名線人的報告，本身就是普魯士主義歷史中的另一小頁，即便對於普魯士的文化傳統還抱持著浪漫情懷的華納仍不願意接受這種說法。

在華納自己的檔案裡，我不但發現了一份一模一樣的報告，同時還有一個牛皮紙信封，裡面小心翼翼的保存著幾張我們正要進入市立圖書館的黑白照——想必是隱藏式照相機拍的。照片裡的華納身材魁梧，五官深邃，年約四十——也就是我現在的年紀——還有年幼的約阿西姆，身子幼小的他捲起側邊髮辮，看起來詭異又神祕，就像羅門・維許尼亞克[7]在拍攝

6 Theodor Fontane，（1819-1898），德國批判現實主義小說家、詩人。

7 Roman Vishniac，俄裔美籍攝影師，以捕捉中歐與西歐大屠殺前的猶太人畫面而聞名。

一九三九年前東歐猶太人這已經消失的世界那陰森森照片裡的其中一名猶太男孩。那時約阿西姆才十二歲，如同我大兒子現在的年紀。接著就是我，時年二十四歲，稚氣未脫，鬍子刮得乾乾淨淨，一頭幾乎中分的短髮，軟呢材質外套，胸前口袋佩戴著絲質手帕，燈芯絨的褲子，還有那一千零一雙的牛津鞋。

我的日記記錄著這個早期的我——既是我，又不是我——生活中的三十六小時。早上上波蘭語，然後致電阿爾巴尼亞大使館，日記裡含糊的寫著「阿爾巴尼亞的拉基燒酒（raki）和對話」，之後順道經過英國大使館領取我的郵件。一如有些住在東德的英國人，郵件之所以寄到大使館，是因為這樣似乎比較快，也比較安全。接著我看了幾小時的書，並與卡多夫（Ursula von Kardorff）在位於麗宮大街的史達金格餐廳共進晚餐。卡多夫曾於戰時柏林倖免於難，他總是精力充沛，現正著手寫起新的市區旅遊指南。我先把日記擱在一旁，從書架上拿起卡多夫的旅遊指南，然後讀起上頭寫著「『史達金格』……看似炫目斑斕、嘗起來卻是清淡樸素的典型東德式料理。」

晚間七、八點左右，我跨境進入西柏林，「通過查理」，先是到巴黎酒吧，接著前往庫達姆大街上英格麗．希克（Ingrid Schick）女士所在的公寓「喝著紅酒，跟她從晚上十時一路爭執到清晨五時十五分」，再從那裡直奔徹夜不打烊的毛毛咖啡廳（Mau Mau），在一大清早享用早餐，之後回頭跨越邊境進入東柏林，快七點時到家，「在樓梯間遇到正要去值勤的邊境守衛」，睡了兩小時，在圖書館找了點資料，和大學所分派給我的「指導教授」丹普斯博士（Dr. Demps）碰面，接著和華納、約阿西姆去上那場講授普魯士和普魯士主義的課，後來我們又在「史達金格」吃晚餐，最後我才上床睡覺。

華納成了我的摯友。幾年之後，我大兒子出生，華納便成了他的乾爹：柏林圍牆外的華納叔叔。我們一起為這本書找尋研究資料。在東西德統一後不久，他與史塔西中負責教會的資深官員韋根上校會晤，韋根開門見山就告訴華納，當他有一次好不容易離開東德、拿起朋友在西柏林公寓裡的電話致電給在牛津的我時，史塔西對於聆聽這通電話的內容特別感興趣。華納想必是認為從西德打電話安全無虞，但他們顯然能夠完全掌握西柏林中的任何一個電話號碼。有關西柏林和西德之間的電話往來，他們設有非常精密複雜的監聽站，而且恰到好處，就坐落在德國哈茨山脈最高峰布洛肯峰（Brocken Mountain），也就是民間傳說中女巫聚集休憩或進行「華爾普吉斯之夜」[8]的場所。史塔西可為其設備安裝程式，以錄下提及任何一個特殊單字或名字的對話。

一九八〇年八月，我已經蒐集好充分的資料，準備開始寫作。在與安德莉亞告別後，我搭乘火車前往義大利，一方面待在友人莎莉和格雷安·葛林那裡，一方面動筆寫起本書。那

---

8 Walpurgis Night，傳說女巫會在四月三十日夜晚前往布洛肯峰，與動物、精靈一起唱歌跳舞，並與惡魔進行狂歡酒宴。

個時候，對於東德的說法，西方常常都是引自六八世代在反叛他們視之為老一輩最原始反共產主義者所使用的言詞，這一點讓我非常沮喪。當時英國出版有關東德最普遍的書籍中長達二十頁的索引裡，居然完全都沒出現「史塔西」、「國家安全部」或「祕密警察」這幾個詞，反倒是英國記者暨作家喬納森．斯蒂爾（Jonathan Steele）在一九七七年所出版的《德國面的社會主義：從冷戰中走來的國家》（*Socialism with a German Face: The State that came in from the cold*）一書中得出結論，指出「東歐各國如今已經變成獨裁福利國家，而東德整體的社經體制已是足以代表這些國家的典範」。不過，是「對誰來說」足以代表？我發現，對於多數我所認識的東德人來說並不足以代表。我從未偏袒右翼，而對抗左翼。我之所以反對這些描述，不是因為他們出於左翼之口，而是因為這些描述本來就是錯的——失真、偏頗、傲慢，並對當地人所能告訴你的實情充而不聞。我想要描述它真實的樣貌。

而其中也包括對史塔西的描述。「處處皆可疑，」我寫著，「它深入酒吧，埋伏話間，就連搭乘火車都跟著你。凡有兩至三人聚集的場所，便有可疑之處。」我引用西德所估算的數據：至少有十萬名線人為祕密警察工作。對於共產政權是怎樣利用起以往德國人的傳統及其順從的習性，我感到特別有興趣。

在我已經開始寫作幾天後，英國廣播公司國際頻道報導格但斯克港的列寧造船廠發生職業罷工。義大利報紙刊登了大鬍子工人萊赫．華勒沙[。]的粒狀照片。我當下驚覺我得馬上去那裡一趟。我縮短了假期，搭乘火車回到柏林，然後坐在慕尼黑車站的自助餐廳，閱讀法文報紙《世界報》（*Le Monde*）報導那些罷工的人，如何拒絕政府蓋建特別超級市場，轉而要求政府設立紀念碑，以緬懷前一輪在波羅的海海岸所發生的抗議活動中喪生的工人。他們偏好象徵，而非食物。週一一早，我前往東柏林的波蘭大使館申辦簽證，然後很快便可進入列寧造船廠。

我和一臉鬍渣、精疲力盡的罷工工人一併坐著，看著電視上共產黨中央委員會（Central Committee）的會議邁入尾聲，當我身邊的人看到黨主席起立，吟誦起〈國際歌〉[10]，他們也隨即站起身子，開始唱起波蘭國歌。電視中正高歌「起來，饑寒交迫的囚徒！」「波蘭尚未滅亡，」罷工工人高聲齊唱，「只要我們一息尚存！」他們全都伸出雙手，比起「耶！」的手勢，以示勝利（Victory）」，但在我們心中，大家全都想著蘇聯坦克或許又會再次啟動，一如他們必須摧毀那場發生在十二年前，稱為「布拉格之春」[11]的革命。

---

9 Lech Wałęsa，（1943-）波蘭政治家、人權運動家、前團結工會領袖，曾任波蘭總統。

10 Internationale，〈國際歌〉（法語：L'Internationale）係國際共產主義運動中最著名的歌曲，由巴黎公社成員歐仁．鮑狄埃在一八七一年作詞，後再由法國共產主義工人狄爾．狄蓋特（Pierre Degeyter）於一八八八年為其譜曲。這首歌曲頌讚了巴黎公社成員們的共產主義理想與革命氣概，被翻譯成多種語言，傳遍全球。

11 Prague Spring，由捷克斯洛伐克共產黨第一書記杜布切克（Alexander Dubček）於一九六八年一月五日所發起的改革運動，本欲擺脫蘇聯的控制，運動時間很長，但最終在同年八月二十九日遭蘇聯武裝入侵該國之後而畫下句點。

第四章

非正式合作人，也就是IM，是史塔西內部認為最重要的消息來源，而且為數可觀。根據內部紀錄，光是一九八八年——東德「正常」的最後一年——國家安全部就擁有十七萬多名「非正式合作人」，其中約有十一萬名屬於一般線人，其他則投入「策謀」行動，諸如出租公寓用作祕密會議，或僅列為可靠的聯繫人。安全部本身擁有九萬多名全職員工，其中將近五千名隸屬於東德對外情報局的一支，若把這數字與同年度的成年總人口相比，便可得出東德的成年總人口中，五十人當中就有約莫一人與祕密警察直接相關。倘若每個人又有一個自己從屬的線人，那麼你就會得出二十五人中有近一人的比率。

納粹常是獨樹一幟。一九四一年，納粹統治下的德意志帝國還包括奧地利與今日的捷克共和國，比東德要大得多，而在相對遼闊的疆土下，蓋世太保，也就是納粹祕密國家警察，其全職成員卻少於一萬五千人。即便加上德意志保安隊（Reich Security Service, RSD）與其他調性類似的單位，仍遠遠不及史塔西的成員。我們手邊並沒有官方所統計的一般線人總數，但顯而易見的是，數量似乎也是相當少。第三帝國在人民一片擁戴下誕生，卻又在五年半的戰爭後畫下句點，為期相對不長，其所能仰賴的，多在於自主性的告發，一如我在那些滿布灰塵的人民法庭檔案中所發現的。然而，東德政權從來就不是在眾星拱月下成立，隨著執政日久，它也就變得愈益倚賴這種線人的大型網絡。

以往監視我的似乎共有五人。溫特少尉仔細斟酌他們所提供的證據與作戰的可能性。在我閱讀他們對我所做的報告、著手確認他們的身分、找到他們並與他們面對面談話時，我被拉回個人的舊日時光，也回到了那些短暫與我交錯的他人生活。

不像許多東德人士飽受線人之苦，我算不上是這些線人底下的受害者，他們未曾對我造成任何重大的傷害。然而，在了解這體系是如何運作下，人們會很合理的認為這些線人會對他人造成傷害。即便我對其他案例瞭若指掌，足以表示其中有些共通的要點，但我還是不能說史塔西的線人普遍來說是多麼具有代表性，只不過因為他們剛好密告我，所以給了我一次特別的契機去測試檔案正確與否，同時也進入到他們的個人經歷。他們為何這麼做？對他們來說，這就像什麼？他們如今又是怎麼看待？

我從「HVA I的 IM，即G在柏（林）洪（堡）大（學）的指導教授」，那個行動計畫一開頭便敘明要進入「作戰模式」的人開始。我的指導教授，羅倫斯．丹普斯（Laurenz Demps）是我所認識再隨性也不過的人了。他是柏林人，高大健壯，為人熱心，對這座城市的歷史瞭若指掌，說起黑色幽默也少不了旁觀者清的敏銳洞察。我手上不少德國藝術家亨利．齊勒（Heinrich Zille）的畫作正好就是丹普斯所送給我的離別禮物。他也是一名忠貞的黨員，老惦念著威瑪共和國時期共黨份子在柏林街頭鬥毆的日子。

這個案例讓我特別感興趣，因為他是東德在與西德統一後，極少數仍保有原本教職的東德史學家之一。實際上，即便在西德採行新式管理、徹底肅清先前職員的風氣下，他都一直在洪堡大學歷史學院擔任全職教授。在致電羅倫斯．丹普斯本人之前，我先針對這個案例，和該學院院長亨利希．奧古斯都．溫克勒與史蒂芬．沃勒進行討論。前者是知名的西德史學家，後者則是東德人，他拒絕在政治上讓步——在共產主義下，這麼做才能在學術界中平步青雲——以致如今得從相當基層的職位重新做起。他倆雙雙指出，丹普斯並不像他許多同事那樣，在歷經大學廣泛的調查過程後，仍能毫髮無傷，而這些過程則包括依法向「高克機構」打聽，口語上稱為「被高克了」（be gaucked），這一點可說是最為關鍵。

如果羅倫斯．丹普斯過去曾是馬庫斯．沃爾夫的對外情報局，也就是HVA的一名線人，那麼他從高克機構取得無疫健康證明書也就說得通了，因為該局大多數的紀錄已遭銷毀，或者一如大家偶爾所言，有一部分已經運至莫斯科。克勞斯．艾希納（Klaus Eichner），也就是氣色紅潤的HVA前上校，他向我描述在一九八九年秋末，他們如何準備好要絞碎並燒毀最敏感的檔案，並從國家安全部的中央檔案紀錄裡取出他們的特務證。當史塔西的總部在一九九〇年一月中旬遭到占領時，這樣的行動曾經短暫中止，然而當時，也就在圓桌會議協商如何從共產統治下轉型，並做出特別決議後，史塔西的所有部門中，唯有對外情報局曾獲得正式授權，持續「自行解散」（self-dissolution）。因此他們足足花了一個春季跟夏初，持續銷毀任何得以辨識出個別特務和線人的檔案。「我正親手毀掉我畢生的成果。」艾希納上校這麼說。

兩份卡片索引備用影本上的名單就這麼傳入西德相關當局，有些沃爾夫的資深官員還說，這因而為不少審判提供了有力證據。但這些來源主要關係到在西德工作的特務。依此說來，通常只有其他部門碰巧在交叉比對檔案時，對外情報局的線人身分才會遭到揭露。否則他或她在打聽之後所得出來的結果，都不會是危及生命的「高克陽性」（gauck-positive），而會是一如羅倫斯·丹普斯的「高克陰性」（gauck-negative）。這又衍生出另一個發人深省的口語體：過去和史塔西有關，便有如罹患了愛滋病。

「不知為了什麼，」一九七〇年代曾經就讀洪堡大學的史蒂芬·沃勒說，「人們老是說丹普斯和史塔西有關，」接著又說，「呃，到了現在，你若想將他處以絞刑……」但他這麼說時，帶著一種挖苦性的厭惡，在我聽來，就像「呃，你若真得……」打從共產主義垮台以來，史蒂芬就一直強烈主張徹底肅清史塔西過往的合作人士。

「呃，到了現在，你若想將他處以絞刑……」這責任也太過重大！倘我願意，單憑檔案裡的這幾個字—— HVA I 的 IM，即 G 在柏洪大的指導教授——我就能毀掉一個人的事業，甚至是他的一生，就因為 IM 這致命的一吻。我究竟有何權利可以同時擔任法官與劊子手呢？

同時又是為了什麼而要這麼做？這份由HVA在一九八〇年七月呈交九之二處、標題寫著「IM報告」的雙頁文件，其中內容全然無害。報告中認為我雖然「並不支持勞工階級」，卻儼然一副資產自由的姿態，一心堅定並仔細的工作著，還把這樣的觀點歸因於丹普斯博士，最後甚至建議（真是一廂情願，但或許是受到我的鼓勵）他或許可以來牛津審查我的論文。這並未對我造成任何傷害。

唯有在明確辨識出丹普斯博士的身分就是線人的同時，才讓這整件事變得嚴肅起來。倘此事為真，那麼就會有人主張，基於歷史正義，至少要向曾有其他學者因為擔任線人而遭肅清的大學呈報此事。當我提到「肅清」，我應該說得更確切一點：當局並未禁止他們共事，只是免除他們一如大學老師這樣尤其敏感的職位，何況那些已經確認是線人的人，不可能全數遭到解雇。據洪大第一任西德校長所言，在舊政權下，大學裡有六分之一的教授和十分之一的教職員曾經為祕密警察工作，或者或多或少與其合作。其中已有許多人自動請辭，約有七十人遭到開除。但校方的榮譽委員會卻也同時發現，在許多其他案例中，人們所犯下的過失，並不足以嚴重到遭到解雇。平心而論，人們顯然不應單單因為一樁歷史事件，也就是一整套特別的檔案消失無蹤，而忘卻曾經有過這種嚴厲苛刻又差別對待的裁決。

我在一九九五年六月某日致電丹普斯博士，約好會面時間——沒有其他事情比這來得讓我更開心了。自一九八一年起，我就和他斷了聯繫。他顯然對我向他致電，並告知「有事想和他討論」感到驚訝，但仍同意碰面，於是我倆相約在威廉大道的一家咖啡廳，而丹普斯博士才剛出版了一本有關這地方的暢銷書。同時，他對柏林本地歷史瞭若指掌，無人能及，這點也讓他在頗具聲望的委員會中占得了一席之地，得以提議修改東柏林的街名，如馬克思恩格斯廣場（Marx-Engels-Platz）改為宮殿廣場（Schlossplatz），部分卡爾．李卜克內西路（Karl Liebknecht-Strasse）變成申克爾步道（Schinkelalle），部分卡爾馬克思步道（Karl-Marx-Allee）成了黑格爾步道（Hegelallee）等。

十一點整，他就坐在咖啡廳外。一個高大的男子，膚色蒼白，雙眼迷濛，身著灰色長褲、紅色高領毛衣並配戴軍事肩章。有點緊張的會晤場景。我倆點好茶和咖啡後，我便直接切入重點，告知他我讀了我的史塔西檔案，然後他們似乎把他記錄成ＨＶＡ的線人。

「天吶！」羅倫斯．丹普斯說。

我解釋檔案內容，並向他出示相關頁面的影本。在他接過文件時，他的手微微顫抖，當他點起香菸，甚至還打翻菸灰缸，以致菸灰撒落在他胸前的毛衣。他說：「你看我有多激動。」但又他說，不，他不是線人，而且和史塔西毫無瓜葛。「怪得很，他們從沒找過我。」然而，他卻清楚記得曾和大學裡國際關係處的處長談過我。「那個人叫什麼來著？我們曾在歌劇院咖啡廳一起吃過午餐，你記得吧？」

其言至此，一切我便了然於胸。我一直百思不得其解，為何對外情報局在「ＩＭ報告」中並未給線人取代號，卻又一如這份報告中所顯示的，在內文中間直接寫出我指導教授的全名「同志羅倫斯【姓氏塗黑】博士」。但我推測，倘若史塔西反情報處的溫特少尉讀了這份檔案，認定丹普斯就是對外情報局的線人，那麼我又有什麼好懷疑的呢？溫特鐵定早就知道他是做什麼的。相較於部裡其他單位，對外情報局的作法或許有些不同。

如今，我了解到大學國際關係處的那個男人才是線人。以往在那個職位的人，顯然一直都很有興趣和沃爾夫的間諜保持聯繫。對外情報局所呈交的正是**他**的報告，因此才會點明丹普斯博士的身分，用了真名。這個溫特少尉做事也真是草率，把線人和線人的消息來源都省了。

隨著丹普斯沉思起報告內容，他也指出，在許多資訊顯然都是來自於他的同時，其中也有些他不知情的事，例如我曾與英國大使館的威爾戴許聯繫。「你看看這個句子，」他說，接著我倆雙雙低頭看文件，兩名史學家就這麼討論如何詮釋一份第一手資料。

如今，他在全盤否認完這項控訴之後，便開始對我說起一名IM通常會有的第一個反應。線人在一看到罪證確鑿的證據後，有時還會否認很久；否認，然後心裡覺得自己跟犯罪沒有兩樣。但羅倫斯·丹普斯的反應對我來說，似乎就像是無辜人士的反應，而且他的解釋馬上就說服我了。在我回到牛津後，我發現我還留著（似乎就在）一九八〇年三月二十七日當天於歌劇院咖啡廳午餐的紀錄。在那些紀錄中，我把國際關係處處長描述成「聰明的艾力克（Alec）／華而不實的哈利（Harry），褐色夾克，花俏的領帶，蓄有桑丘[1]的小鬍子。」我

1 Sancho Panza，西班牙作家賽凡提斯（Miguel de Cervantes Saavedra）著名小說《唐吉訶德》中的人物，為唐吉訶德的侍從，目不識丁卻樸實忠心。

寫到這兩名黨員不知為何刻意保持著友好的態度，這從他倆一如黨員同志以「你」（Du）互稱，對我則是稱呼較正式的「您」（Sie），便可一窺端倪。「華而不實的哈利」在萊比錫念的是「科學共產主義」。「你知道這裡流傳著一則笑話，」在又喝了一杯利口酒之後，他偷偷說起「我們都說『無產階級的專制獨裁』。如今我是看得到無產階級，但是何來的專制獨裁呢？」之類的話。我很開心從羅倫斯．丹普斯口中得知這個教人反感的人已經離開大學許久。我思忖著他如今不知正在做些什麼？

而羅倫斯．丹普斯當時又是怎麼看我的呢？

他指著史塔西的報告，「這邊就說得很明白了！」擁有一名英國學生十分有趣，但你知道那是怎樣的，指導工作總會占去你寶貴的研究時間。接著，他也問我是怎麼看他。

我說，我覺得他是一名堅信共產主義的共黨人士，還是一個對於戰前的德國共產黨抱持著近乎浪漫觀點的人。

是的，沒錯，他回答，雖然他還補充，有很多事情不足以為外人道。根據我在一九八〇年的日記內容，他在那次午餐確實曾對我說：「我們並不指望你加入大英國協的共產黨……我們所想要的，只不過是你們認真的看待，同時告訴你們國人，我們是很認真的一群人。」但之後他還追加了一句私人的悄悄話：「你能替我在邱吉爾的墳上吐口痰嘛？」

或許就是一個這樣小玩笑，讓我在可能再度入境東歐後，卻對就近探視自己以前的指導教授感到興味索然。至於我剛才帶給他的衝擊，他的處理方式卻是讓我深表贊同，並且暗暗折服，再無其他。

「在你來電時，各式各樣的事我都想過，」他說，「就是沒想到這個。」實際上，他最近收到了友人傳來的檔案頁面，從檔案內容看來，由於他率領著一個私人的討論團體，所以似乎成了一名可疑份子。他在回想起我方才對他浪漫主義的評論後，便沉吟道：「沒錯，浪漫主義可能是危險的。」

接著，到了他該為幾名美國學生在威廉大道進行導覽的時間了。「待導覽結束，」他說，「我要來喝一大杯杜松子烈酒。」他看上去仍微微發顫，活像一個已在絞刑台下站了一會兒的人。倘若他是個享譽盛名的公眾人物，而我同時是個肆無忌憚的記者，那麼他就很可能被「處以絞刑」。我可以看到《明鏡》——近年來我們太常閱讀這份報刊——的報導插入一小張檔案頁面的黑白照，並用紅色圈起那句足以讓他定罪的話：「HVA I的IM，即G在柏洪大的指導教授」——那一句足以定罪，但卻錯誤的話。

至於我，則是大大的鬆了口氣，等不及要回到飯店致電溫克勒與沃勒，解釋史塔西這回所出的差錯。

在我快要寫完本書時，史蒂芬．沃勒傳真給我一則新成立「柏林布蘭登堡普魯士協會」（Berlin Brandenburg Prussian Association）的新聞簡報。在報導中，有關該協會所有創始成員只提到一個人的名字：洪堡大學史學家羅倫斯．丹普斯。

我依照報上的電話打過去，等候時，該協會提供給我大量資訊，我這才得知因德國似有可能退化成「褊狹的個人主義份子所組成的多文化體」，該協會旨在培養「普魯士人真正的價值與美德」，並「為我們的祖國立下精神復興的基石」，協會章程更特別提及「普魯士腓特烈大帝的哲學作品」，同時蒞臨協會的客座講者也曾大力讚賞腓特烈大帝及其士兵在一七五七年魯騰會戰[2]所發揮的精神。他指出「真正的普魯士主義」不但與愛國精神、無私、寬容、謙和、忠貞及責任感有關，也與「準時、熱愛整潔等次要美德」關係密切。

2 Battle of Leuthen，普魯士與奧地利在一七五七年十二月五日的戰役，普軍雖以寡敵眾，卻善用該地地形與軍隊的機動力，對敵軍發動側翼奇襲，最終獲得大勝，被譽為腓特烈大帝最輝煌的戰績之一。

第五章

對我最是殷勤的線人，非威瑪女士「米赫拉」莫屬。二月九日，艾夫特辦公室向十三之二反情報處（記者）報告，指出我又再次與其「IMV米赫拉」聯繫，還附上與她先生——先前是「吉爾」，現在成了「麥可」（Michael）——對話的錄音抄本。抄本中，吉爾博士回憶起他從一九四三年以來在倫敦路透社任職的經驗，透過報告指出，身為歐洲部聯合執行編輯的他，在編輯「羅文索（Richard Löwenthal）……現任柏林自由大學政治學教授」、阿弗雷德·蓋林格[1]、瑞士猶太裔記者暨史學家瓊·金克（Jon Kimsche）等這樣「徹頭徹尾的蘇聯大敵」所寫的專欄時，向來特別頭痛。

於是這份史塔西檔案，這個扁平的時光機，就這麼帶我返回到不僅僅十五年前，而是整整五十年前戰時的英國。事實上，他所提到的這三個名字，堪稱足以代表當時許多從中歐流

---

1 Alfred Geiringer，一九三八年因納粹占領奧地利而移居他國，後於一九四六年重返歐洲擔任路透社記者，係奧地利新聞社（Austria Press Agency）重要創始人之一。

亡到倫敦的人：將個人所獲得的自由歸功於英國獨自對抗希特勒的立場，還有因而在日後給予英國——及歐洲——諸多回饋的男男女女。翻過這一頁，我可能會讀到亞瑟・柯斯勒[2]、安得烈・德意志[3]、哈夫納[4]、喬治・麥克斯[5]，或是另一名年輕的中歐流亡人士，其當時為英國廣播公司帝國及北美服務擔任歐洲事務的新聞評論人士，如今卻以英國西南方雀兒喜（Chelsea）的喬爾治，即威登菲爾德男爵[6]，而廣為人知。

共黨人士吉爾博士曾和在美國《時代》雜誌擔任類似職位的同志漢斯【名字被塗黑】討論在審查這些「徹頭徹尾的蘇聯大敵」時的困難。他編輯這些反蘇聯的評論所面對的難題——以使最有害的部分得以刪除——隨著戰爭漸近尾聲變得更加惡化，於是他決定聯繫英國作戰部（War Office）相關部門，以求在戰後德國謀得一官半職。有關這點，他確實「已與我們的同志——當時菲力克斯・阿爾賓（即哈格〔Kurt Hager〕）已經繼任共黨倫敦分支的領導人——達成協議上。（哈格隨後成為東德政治局歷任最久的黨員，以及該黨首要的理論思想家之一。）之後英國作戰部遂決定委託這名德國共黨份子「在漢堡成立第一個【戰後西德】德國新聞社DENA」。英國官員對於地理學的理解，似乎和他們的政治判斷一樣不甚牢靠，因為吉爾博士還打算說服他們，從倫敦到德國的途中，他得途經柏林。

因此，他在一九四六年五月十三日收到前往德國柏林的手寫官方許可。「倫敦同志已經同意我應向中（央）委（員會）報告……在場同志應會決定我是該接下漢堡的工作，還是留在柏林。」經過漫長的討論後，他們決定他該留在柏林成立東德新聞社，「但我最後卻在魏森賽（Weissensee）成立了蘇聯新聞社（Soviet news agency）。」

當時漢堡作戰部甫成立，他致函該部部長，解釋他並不贊同英國的對德政策，出於政治考量，無法承接這份工作。他還笑著回想起自己因為有近兩個半星期音訊全無，英國報紙還大肆報導他的神祕失蹤，甚至臆測他已慘遭俄國人士綁架。「自從我回到當時的蘇（聯）占（領）區（域）」，抄本最後寫道，「我就再也沒和任何在倫敦時的熟人有過密切聯繫。」

吉爾博士這份戰時的自我描繪尚有另外兩大特點。第一，就是當時他在路透社的上司——克里斯多福・錢賽勒。我檔案的抄本中僅僅記錄吉爾博士覺得錢賽勒「自大傲慢」，他清楚錢賽勒在他決定離開路透社這點扮演著關鍵角色。我在撰寫本書的同時，曾在一場《時

2 Arthur Koestler，（1905-1983），匈牙利猶太裔作家、記者暨評論家，原為共產黨員，後思想趨於自由主義，寫成知名的政治小說《午後的黑暗》（*Darkness at Noon*），並曾於一九四一年至一九四二年任職於BBC。

3 Andre Deutsch，（1917-2000），奧地利猶太裔英國人，因一九三八年的德奧政治聯盟（Anschluss，即希特勒擴展德國版圖的第一步）而逃離奧地利，定居英國，後於一九五一年成立同名出版社。

4 Sebastian Haffner，（1917-1987），德國記者暨史學家，生於柏林，一九三八年為了逃離納粹政權的統治，與其妻一同移居英國，並擔任《觀察家》記者，後於一九五四年返回德國，為國內多家報社撰稿，進而成為德國知名人士。

5 George Mikes，（1907-1999），匈牙利裔英國記者暨小說家，一九三八年於匈牙利報社中擔任記者，並為慕尼黑協議相關採訪報導而前往英國，原僅欲停留數週，後卻因二戰爆發而留居英國，並於一九三九年任職於BBC匈牙利頻道。其文筆詼諧，別具寓意，廣為人知。

6 Lord Weidenfeld，（1919-2016），英國知名出版人暨報社專欄作家，生於奧地利維也納，一九三八年德奧政治聯盟後移居英國，擔任BBC政治評論家及週報專欄作家，並一九四八年成立魏登菲爾德・尼科爾森（Weidenfeld & Nicolson，W&N）出版公司，後分別於一九六九年及一九七六年獲頒爵士與男爵榮銜。

代》編輯為《紐約客》編輯所舉辦的派對上見過克里斯多福．錢賽勒之子亞歷山大．錢賽勒，也就是我在《明鏡》的前任編輯。在眾多編輯的喧鬧聲中，我問他是否曾聽父親說過一個叫吉爾（真名）的人，並向他解釋居中緣由。當人人都在一個美麗的夏夜於北倫敦的庭園中一口口啜飲著香檳，剎那間，中歐曲折的歷史就這麼為其中增添了些許苦澀。亞歷山大在他的筆電鍵入這個名字，然後說會問問他哥哥。幾週後，我們再次碰面，他告知我打聽後的結果，說他哥哥並沒聽過這名字，不過，他確實記得約莫在那個時間點，父親有次回家後憂心忡忡，對路透社內居然發現蘇聯間諜感到忿忿不平。

另一特點，就是吉爾博士當時的女友：愛麗絲．「莉姿」．菲爾比。金．菲爾比在一九三六年就已和猶太裔共黨份子的莉姿分手，當時他在西班牙內戰主要支持法西斯主義，並與佛朗哥一派站在同一陣線[7]，同時莉姿則是住在巴黎，菲爾比似乎就是一直透過她與蘇聯情報局保持聯繫。一九三九年，她移居倫敦，打算將雙親帶離維也納——正是時候。等到了倫敦，她便與吉爾博士交往。有關她最後和菲爾比離婚、離開英格蘭，但到一九四七年卻又在東柏林與吉爾博士相遇、與他在那成婚並用她婚前的名字，這些情況向來都伴隨著不少謎團。九年後，他倆也離婚了，而吉爾博士在又經歷過一段婚姻後，才繼而與「米赫拉」共同生活，同她搬到威瑪。莉姿則是留在柏林。

我剛到東柏林時，曾去拜訪過這位人生宛如整個二十世紀史的奇女子。我倆在她位於卡爾馬克思步道的小公寓裡喝午茶、享用美味的維也納馬卡龍，促膝長談。她的書架上有英國桂冠詩人丁尼生、英國浪漫時期詩人濟慈、《牛津英國詩選》（*Oxford Book of English Verse*）和領導地下反法西斯運動的義大利小說家席羅內（Ignazio Silone）的《獨裁者流派》（*The school for dictators*）。我日記上寫著她個子嬌小、美麗動人且精力充沛，操著一口維也納口音，並頂著一頭鬈髮，「以她的年紀來說非常年輕」——當時她已經七十歲了——而且我還會形容她「挺愛找岔子」。「這是不是蘇聯特務的訓練？」我自問。「戒慎小心，不知是否因為歷經外國人佯裝為……的不快經驗？又或者，這僅是出自於維也納資產階級的習慣——到最後，這成了我所偏好的假設。」也有可能糅合了以上三者。年少輕狂後，她為國家電影分銷商擔任外國影片的配音整整二十年，直到退休。如今，她享受著由國家贈予「反法西斯鬥士」之稱而享有的豐厚退休金。

她談到金的時候，充滿熱情，同時讚嘆連連。「他非常聰明，」她說——最後「非常聰明」四個字用的是英文——顯見對語言極有天分。但她也補充說，「他有點含蓄」。她非常肯定，維也納勞工在一九三四年群起抗議並慘遭殘暴鎮壓一事，轉而把金塑造成徹頭徹尾、忠貞不二的共黨份子。實際上，她本身似乎也扮演著關鍵性的角色。正是透過她，這一名來自寒冷又守舊的英格蘭的年輕人，才會一古腦兒的投入不乏政治性的高度刺激、迅速升溫的友情、

7　一九三六年西班牙第二共和國發生內戰，一方係該國佛朗哥將軍所率領、結合納粹德國及法西斯義大利的右翼反共和武裝勢力，另一方係由蘇聯及墨西哥所支持的左翼政府軍，一九三九年，佛朗哥一方獲勝，西班牙第二共和國解體，佛朗哥遂成立獨裁政權，直至其一九七五年逝世方畫下句點。

看似單純的團結，可能還帶著相當程度性解放的嶄新世界。這一切的一切，或許也正就是她，把他引薦給蘇聯情報局。

我認為，我不太能問她有關性愛一事，於是便轉而問起倘若她與菲爾比得知一九三〇年代蘇聯的實際狀況，那麼他倆是否仍會走上這一條路？她在沉默半晌後，非常嚴肅的說：「我真的無法回答。我們確實是毫不知情，你鐵定覺得很不思議吧……。」

那她覺得當今的東德如何？

「呃，算不上是我們盼望或相信下的東德吧。」

她批評國家領導人常見的多疑、恐懼及膽怯，言論及行動缺乏，甚至還有她所享有的特權。不過，她依舊深信她口中的社會主義。「還有其他選擇嗎？我看不見。」

回到檔案。「米赫拉」報告她在一九八〇年一月五日從我這裡收到一份寫著「反抗與順從之間：一九三三至一九四五年間之德國藝術」（Between Resistance and Conformity: Art in Germany 1933-1945）的展覽目錄。她確認所附問候卡片上的字跡，與我在上回拜訪時寫下名字的那張紙上的字跡毫無二致。「為了採取進一步措施，強化聯繫與『Blickfeldmassnahmen』（史塔西專有名詞，意指監視某人），我會將感謝函寄至以下地址：

西柏林藝廊

提姆．賈托亞許敬啟」

最下方打字署名「米赫拉」。這份報告並未親簽，但最底下所寫的似乎表示這是一份IM檔案。

五個月後，有份「透過『IMV米赫拉』口頭消息所寫成」的會議紀錄，記載著她先生曾告訴她，我如何試圖在四月二十六至二十七日的那個週末再次拜訪他們。吉爾博士婉拒相見，說他病得很重，然而，他卻透過當時照顧他的那位醫生，問到一些我來訪威瑪的細節。那位醫生的老公恰巧就是艾伯罕・浩夫（Eberhard Haufe），也就是「不受雇於任何單位的德國文學自由學者」，實際上我就跟他們住在一起。

我猶記那個週末，威瑪恰逢莎士比亞節，活動的重頭戲正是喬治・史坦納將發表的演說，其中從李爾王到《第十二夜》，順帶提到伊底帕斯，最後乃至《唐・喬凡尼》，內容可說是別樹一幟，令人激賞。之後，我與這名大人物共進晚餐。史坦納書寫「精緻文化」及「野蠻落後」極其駭人的近似性，是如此行雲流水、動人心弦，而布亨瓦德堪稱是最典型的範例，於是我覺得就在這裡，在威瑪，在布亨瓦德的陰影下，與史坦納談起這一點尤為合適。但我的日記記錄有關這話題的對話內容並不多：「你搞錯了，他只想要**閒聊**，持續的、不斷的，就在大象（飯店）晚餐席間**沒完沒了**的花上一個多小時聊著諸如你有沒有聽說欽定教授[8]的最新消息。『拜託，你真該錯過的好嗎！』」日記透露出我的失望，而且時至今日，我還是覺

---

8 指牛津、劍橋大學中由國王設立的神學、希臘文、希伯來文、法學、醫學五種教授或講師的教席。

得不太公平，畢竟這名聖賢之士，往常可是成天都在嚴肅的議論大事，如今遇到我，竟只是汲汲營營於那一官半職。

然而，最終讓我對這個週末難以忘懷的，既非莎士比亞，也非喬治．史坦納，而是歌德，還有艾伯罕。

Wer den Dichter will verstehen
Muss in Dichters Lande gehen.

歌德寫道：你要了解詩人，就得造訪詩人的故鄉。同時在歐洲，沒有其他地方比起威瑪更能體現其當地作家之風。首先，歌德的宅邸蓋有保存良好的圖書館與升降桌：德國十九世紀詩人海伯爾（Hebbel）稱之為能讓德國引以為傲的唯一戰場。接著是確荷柏格堡（Schloss Kochberg），歌德在那愛慕著夏綠蒂．馮．史丹夫人（Charlotte von Stein），之後才與自在隨性的克里斯蒂安娜．佛爾匹烏絲小姐（Christiane Vulpius）發生關係。在前往德國詩人席勒（Schiller）宅邸的路上，一般都會經過兩位名詩大家的長眠之處及漂亮的公園：伊爾姆河（Ilm）的堤浦特城堡公園（Tiefurt）與貝爾維德城堡公園（Schloss Belvedere）——繼安娜．阿瑪莉亞公爵夫人（Duchess Anna-Amalia）兩百年前治理威瑪後，如今這裡成了ＩＭ「米赫拉」的住所。

此處的動人，在艾伯罕・浩夫及其家人的陪同下，顯得相得益彰。我日記記載著我與他們同在公園散步，造訪確荷柏格堡。艾伯罕・浩夫身材矮小，弱不禁風，說話方式刻板拘泥，不知為何顯得有些老派。自從他在一九五〇年代末期由於政治因素遭到萊比錫大學解雇後，他就一直擔任文字編輯與評論人士，編輯德國經典名著的各大版本，與他個人獨鍾的東歐詩人博普羅夫斯基[9]的詩作，並以此為生。

當我們散步，我們熱烈的討論書籍、理念與政治。有關這類話題，我大多會與鐵幕之後的歐洲知識份子及教會人士談論，卻較少與西德同類人士提起。能和一名精曉德國名著的學者同在威瑪，讓身在此處更增添幾分魅力，而且，隨著我們走過堤浦特城堡公園，我感受到身旁這位滿頭白髮、風度翩翩的人物並不僅是研究古典威瑪知識份子的專家，同時也是他們的其中一員。他處在承先啟後的連續區（Continuum）與一場追溯至兩世紀前的對話中，而這場對話，不論是過去還是現在，其本質都在探討某事的真正意涵，那就是從赫德爾（Herder）乃至湯瑪斯・曼（Thomas Mann）這些德國作家與思想家中，一個相當核心卻也難以捉摸的概念：Humanität（字面上所指「人性」，但原文德語可是有著大大的「H」，堪稱專有名詞）。

與東德所出版的威瑪旅遊指南內容不同的是，浩夫博士並沒有「東德政權在所有方面皆

---

9 Johannes Bobrowski，（1917-1965），生於東德，曾目睹納粹暴行，東線戰爭時成為俄國戰俘，一九四九年獲釋。其詩作多其有哀歌性質，概括現代人在生存的困境與反思。

已充分體現『Humanität』」這樣的錯覺——即便東德在其創立二十週年時曾經記上歌德一筆。對他來說，這個政權是「Humanität」的對立。他告訴我有關史塔西開啟他人信件、竊聽電話內容，還有他個人與審查員之間的長期抗爭，因為就連他把一本書的書名編修為《來自義大利的德文信》（*German Letters from Italy*），他們都予以駁回。東德正努力實現哈格意識形態下的統治，也就是不再有一個獨立的德國，而只有個別的「社會主義國家」和「共產主義國家」，因此才會發起運動，極盡可能刪去「德國的、德文的」等這類形容詞，甚至就連浩夫曾經過手的書名，也難逃池魚之殃。

他送給我他編輯的一小套書，作為離別之禮。在我寫作時，我就把它放在我面前。那套書書名為《不是時候的真相》（*The Untimely Truth*），內容包括格言、小短詩，還有一篇「論宣傳」的文章，其正是出自遭到世人遺忘許久的十九世紀初德國作家卡爾·古斯塔夫·傑克曼（Carl Gustav Jochmann）之手。傑克曼來自拉脫維亞的首府里加（Riga），受到一八一二年至一八一四年動盪那幾年在英國生活的啟發，他主張言論自由在政治上的重要性，並積極說服他人支持這個論點。在一九七五年一篇編後記中，浩夫協議讓這些顛覆性的觀點，得以在雙方都滿意的情況下通過東德的審查制度：「正因（傑克曼）係從一個發展不全、四處受限的資產世界中默默發言，他說起話來，仍夾帶著剛正不阿、心生嚮往的知識份子那種天真無邪的語調。當時的人們還無法辨識出公眾的觀點涵蓋著『虛假意識』[10]，也就是那種對於資產階級利益的遮蓋及掩飾，直到一、二十年後，才被年輕的馬克思一語道破。」他的讀者長久以來便擅於讀出弦外之音，於是馬上就能了解訊息的重點，這套書的初版也因而在短時間內銷售一空。

我在手中這套書的扉頁上，發現了小而整齊的字跡寫著：「C.G. 傑克曼：『凡求真理，即已得勝。』（Where the truth must be fought, there it has already won.）吾人對於這項真理及類似文句深信不疑，謹以此獻給提摩西．賈頓艾許，艾伯罕．浩夫於威瑪，一九八〇年四月二十七日。」

一場愉快且動人的旅程。但「米赫拉」密呈史塔西的報告可不是這麼回事，我在裡頭就是個失禮的不速之客：「傍晚，H 家慎重的表現出他們認為這段對話已經畫下句點，然而 G 置若罔聞，並打算確認他們一家的熱情好客，將在留 G 過夜一宿而達到顛峰。」緊接著是她對浩夫博士及其夫人的評估內容：「兩人儼然過著資產階級的生活……我判斷他們是從 FRG（西德）大眾媒體獲得資訊。」不過，她也確實強調他們對於「我們的社會體制」並無敵意。最後，她著重在保護消息來源（也就是她）的必要性，因為「只有我們兩家知道這名英國人曾經來訪」。馬雷什（Maresch）中校，即艾夫特辦公室的反情報處處長，他把這份報告寄到柏林，在上頭註記浩夫現正接受他們單位的調查。

---

10 false consciousness，馬克思主義中的概念之一，即社會中的「被剝削者」被一些與他們真實「生存狀況」不相符合的想法或觀念所蒙蔽，而對自己生活中「被剝削」的事實「懵然不知」，甚至視之為「合情合理」時，這些想法及意識就稱之為「虛假意識」（false consciousness）。

一個月後，「米赫拉」針對我再次來訪做出報告。報告中，我顯然並未認出吉爾博士在第一段婚姻時所生下的女兒，因為我在拜訪他的第一任太太，也就是前菲爾比夫人時，我就曾經見過她了。「米赫拉」說，我當時非常尷尬，而且未能解釋清楚我是否真對猶太人反抗納粹主義，或是金．菲爾比那麼感興趣。（答案是：兩者都是。）她也經由浩夫夫人口中得知我又去拜訪他們，然後與他們家正在德國中部耶拿鎮求學的兒子克里斯多夫前往歌德墓園散步。檔案頁面下，昆特爾少尉註明需要採取進一步措施，其中包括指示「米赫拉」與我建立聯繫，再進一步調查耶拿的克里斯多夫．浩夫。對他來說，一名來自一個可疑家庭的學生，這可能會帶來嚴重的後果。在那個體制下，在史塔西那多了幾項品行不良的紀錄，最終可能導致大學把你退學。因此，這例子充分說明了單因「米赫拉」無害的信口閒扯，便危害到某個手無縛雞之力，而且無法像我那樣繼續前進的人。那樣的危害，正是起自於我。

一個月後，這次「米赫拉」密報了我寄給她的明信片內容，上面還留有我在東、西柏林的電話。他們採取的行動之一，包括要求柏林部裡針對這個電話號碼進行確認。當九之二處回報，表示ＩＭ一定是看錯號碼，艾夫特辦公室便回寄一張實際明信片的影本，傲慢的評論道：「我們ＩＭ所提供的資訊已經此獲得證實。」署名「馬雷什中校（代）」。這樣官僚之間荒謬可笑、冗長繁瑣的手續從六月持續到八月，足足花了兩個月才完成，在此期間，我已經幾乎為本書取材完畢，並前往義大利開始寫作。

過了十五年，如今我把這些檔案的影本寄給浩夫一家，解釋我想撰寫有關這份檔案的書籍、打算再赴威瑪拜會，並問「米赫拉」——倘若她還在那——為何這麼做，還有她有什麼要為自己辯解。當然，我理解他們或許認為寫書一事事不關己，但我手裡傑克曼《不是時候的真相》中的友善題辭，讓我盼起自己在一九八〇年那次的到訪，並不像史塔西檔案中看起來的那樣不受歡迎。

過了一段時間，我於萊因河畔的克尼格斯溫特爾（Königswinter）致電浩夫博士，聽到他說他們會很開心見到我，於是租了輛車，前向威瑪。浩夫一家在克拉那赫街熱烈的迎接我，與我在十五年前所記得的如出一轍、別無二致。他們再三向我保證，非常歡迎我當時的來訪。「我們試著回想，」精力充沛的浩夫太太說，「那天實際上是克里斯多夫的二十五歲生日，我們都已經備好餐桌，擺好蠟燭，然後你就站在門前。我還記得我領你進屋，帶你坐在那個餐桌的旁邊，還拿了點吃的給你。」《追憶似水年華》的劇情又來了。「你只是有點含蓄，但絕非像**她**所描述的那樣咄咄逼人。」

我們聊了一會兒整份檔案是怎麼回事，還有處理起這份共黨遺產的相關事宜。他們提醒我當地的國家安全總部就在同條街遙遠的另一端。因此，威瑪又再次成了兩個極端的發源地：克拉那赫街毗鄰歌德與席勒之墓、浩夫博士所在的這一端；史塔西則在另一端，就位在一如附近的尼采檔案館、係由比利時知名建築師亨利・凡德・費爾德（Henry van der Velde）所操刀設計的豪華別墅裡。浩夫一家最近的檔案，顯然在那棟建築於一九八九年十二月五日遭到當地民眾——浩夫一家也在其中——占領前，便已銷毀。但高克機構卻發現到更早之前，也就是他在一九五七至一九五八年遭到萊比錫大學開除、結束其學術生涯的檔案。

他與別人相同，是遭到一名教授馬克思列寧主義、名叫瓦姆比爾博士（Dr. Warmbier）的講師告發。浩夫博士在萊比錫電話簿上找到他的住址——裡頭叫作「瓦姆比爾」的人並不多——然後把相關頁面的影本寄過去。瓦姆比爾博士回函致歉，卻也隨函附上有關自己檔案的頁面影本，顯示他是怎麼因為日趨批判的論點而在一九七四年遭到校方開除，後來更因「煽動叛國」的罪名，被判刑入獄兩年。如今瓦姆比爾博士已經申請恢復名譽，艾伯罕．浩夫則說：「我並不想成為須得論斷這件案子的人。」

但「米赫拉」呢？呃，浩夫太太說，他們從未真正交好，真正要好的是吉爾博士，他風趣、聰明、睿智。有一天吉爾博士帶著女兒出現，說起「大家都推薦您來擔任我們的小兒科醫生」。但她現在認為或許就是史塔西叫他來的。他們最後一次見到他是在一九八一年，他前來替浩夫五十歲賀壽。當時肉類很少，但會有肉販製作精緻的熟肉冷盤，而他當時就帶了一盤。

相反的，**她**啊，粗俗又自私，浩夫太太操著一口濃濃的圖林根方言忿忿的說：「她居然厚著臉皮跟史塔西說我們過著『資產階級的生活』！我呢，早上六點起床，打掃完公寓後才去上班，而她呢，在**城堡**裡裝模作樣，罕見的請了個打掃阿姨，卻告訴他們，**我們**過著資產階級的生活……」

身為國家的資深雇員，「米赫拉」當然有義務與史塔西合作，但她大可不必擔任ＩＭ。

那她為何這麼做？興許是為了自己的前途。她丈夫過世後，她持續在柏林從事國營藝術品經銷行業，這可是與史塔西惡名昭彰的亞歷山大・沙爾克・葛洛沃斯基（Alexander Schalck-Golodkowski）上校密切相關，因他曾受託要不擇任何手段，為負債累累的共黨國家盡可能的取得國際市場上可兌換的硬幣通貨，諸如英鎊、美金等。浩夫一家與她已無更進一步聯繫，但或許柏林的電話簿上找得到她……

一如我過去這些年來的習慣，我在通往柏林坑坑洞洞的無限速公路上加快速度，回想著這次的對話：遺忘的過去宛若一座已經陷落的大型迷宮，而檔案是如何打開通往這座迷宮的門，同時，「開門」本身這個動作，又是如何改變了埋在土裡的史前古器物，有如考古學家就這麼讓新鮮空氣滲入了密封的埃及陵墓。

這些並不單單是重新挖掘出過去的經驗，還指望它們能夠一如初始狀態那樣絲毫無傷。就算在毫無新文件或是他人回憶——那扇開啟的門——這樣突如其來的光照下，我們的回憶，無論是甜是苦，也都會隨著時間的流逝與情況的改變消蝕或加深。因此，舉例來說吧，浩夫太太在一九八五年、東德還存在時對「米赫拉」的記憶，與她在十年後、我拜訪他們前一晚時的記憶相比，鐵定有所出入。但凡歷經突如其來的光照，記憶的改變便已無可挽回。這裡開了門，那裡也就關上了門。如今，你再也回不去你對於那個人、那場事件最初始的記憶。這就宛若在數年之後，對心愛的人自我坦承，又或者，宛若一次不愉快的離婚，今日的悲苦就這麼把共有的過往痛苦不堪、徹頭徹尾、好似永久那般幻化成另一種型態。但這些痛苦的回憶，一樣也會隨著時光進一步的流逝而逐漸淡化、有所轉變。

所以，我們所擁有的，完全是對於一時片刻、一場事件或是單一個人無窮無盡的記憶：向來隨著逝去的分分秒秒而緩慢改變的記憶，偶爾也會在某次重大打擊或自我坦承之後面臨巨變。一如那些在電腦螢幕上每種顏色、濃淡或細部都能修改的數位照片，但我們卻無從掌控，甚至無法任意的回復到它先前的模樣。他們說「昔日宛如異鄉」，但實際上，昔日就宛如另一個世界。

英國政治哲學家霍布斯[11]曾寫道「**想像**與**回憶**不過是同一件事」，這也曾被詹姆士·芬頓選以作為其詩作〈德意志安魂曲〉的題詞，所以是否真是如此呢？波蘭猶太裔美國作家澤奇·柯辛斯基（Jerzy Kosinski）向來都讓別人認為他就像戰時波蘭的猶太男孩，與家人分離，被他所藏身的村落農民丟進稀泥漿的窪坑，甚至在九歲時就成了啞巴，一如他個人小說《彩繪的鳥》（*The Painted Bird*）中的人物那樣。這部小說被當成大屠殺的證明，受到大力推廣、讚揚，並銷售一空。但當有研究人士前往該村落，卻發現當地倖免於難的那些農民的回憶，與柯辛斯基的回憶竟是大為迥異：年少的柯辛斯基從來沒被丟進稀泥漿的窪坑，而且他和他的家人一直都躲在那裡。如今，不是所有農民的回憶都出了錯，就是柯辛斯基的回憶結合了想像、他真的相信自己曾經遭遇過這些事，又或者他就是刻意要替自己的回憶加油添醋。他的友人們曾激動的為他辯護，如美國作家艾麗卡·瓊（Erica Jong）就曾說：「他是否經歷過（這些事情）又有何差別？」

然而，無論記憶是如何淡化或加深，「回憶起某件真正發生過的事」與「想像著某件從未發生過的事」這兩者之間還是涇渭分明的。歷史上存在著所謂的事實。年少的柯辛斯基不是腳下一滑、跌進了稀泥漿的窪坑，就是他根本沒發生這樣的事；「米赫拉」不是簽了書面

---

11 Thomas Hobbes，（1588-1679），英國政治哲學家，創立了機械唯物主義體系，與墨格爾相提並論的人物。

的承諾書、要擔任史塔西的線人，就是她根本就沒簽。

一如拼貼畫所用的材料，這些證據的質地都非常不同：這邊一塊硬金屬，那裡一片褪色的報紙，那邊那裡又一撮棉花。報導人士、調查人員還有史學家都會從相同的碎片箱裡，拼湊出大為迥異的拼貼畫，再用他們個人想像的油漆或水彩，進一步的改變了整幅圖畫。但與詩人或小說家的圖畫不同的是，上述人士的這些圖畫總得屈服在特別的真相考證下。這樣的考證，將適用於我所寫出的字字句句，而那，才正是困難所在。

在飯店辦理住房手續時，我尋找電話簿，發現了「米赫拉」的真名。有那麼一瞬間，我思忖著是否應該就這麼出現在她家門口——就像《太陽報》（*Sun*）和《圖片報》（*Bild Zeitung*）的小報記者那樣直接在門口「堵」她——或是像個紳士先行致電，卻可能冒上失敗的風險。我撥了電話號碼。「啊，艾許先生嗎，你來威瑪拜訪過我們，對吧？從那之後，我一直都在看你的書……」我解釋我在柏林短暫停留，基於特殊理由，想見她一面。我們敲定了我在某天下午去訪。「你的問題鐵定不少，」她說，「我真的非常期待。」

那是一棟帶著社會主義及現代主義設計感的灰色大廈，在東德人的標準看來位置良好、整潔美觀。特權之人的所在地。一名高䠷、嗓門頗大的女人向我打招呼：「嗨，你好嗎？」五官醒目、口紅鮮豔，金屬鏡框後的灰色雙眼，長褲和高跟鞋，二手的馬蘭變性彈力絲，有品味的室內裝潢，新比德邁耶[12]風格的家具。

「好了，」當我倆面前擺好咖啡與蛋糕，她爽快的說道，「你這些日子都在忙什麼？」

「（真名）女士，」我說，「有關我今天為何前來，妳是否略知一二？」

她停頓半晌，還有點過久，之後才說：「不，我真的沒什麼概念。」又用了「真的」這個詞。

12 neo-Biedermeier，十九至二十世紀期間流行在建築、藝術與工藝間的一種奧地利式設計風。

於是我告訴她。

「沒錯，」她馬上說道，「處於我這位子的人都有義務這麼做。」他們約莫一個月來找她一次。她的祕書會說：「長官，您又有訪客了。」他們介紹自己來自當地議會，卻只報上「海因茲」、「迪特」或「米赫拉」之類的名字。對話內容全都與公事有關：除了公務，還是公務。但我這次拜訪肯定完全算是私人行程吧？沒錯，只不過莉姿和吉爾確信我為英國情報局工作，所以這至少也算得上是半公務吧。她是如何緊緊攫抓住這個名為「公務」的備用錨，好作為緊急時明哲保身的最後手段。

她說起話來與平常無異，看上去自信滿滿，但之後卻又緊張的問起：「他們的報告都寫了什麼？」不是「我」，而是「他們」。

我給了她報告的影本，她讀了起來，隨著居中的細節以及密告她先生的內容，她的身子不禁震顫。

我問起一般面談都是怎麼進行的。「迪特」或「海因茲」都有筆記本嗎？有，他們有本筆記本，而且還會把筆記本攤開，小心翼翼的記下所有的事。實際狀況就是有人合作，有人必須這麼做，然後有人試圖盡可能的告知無害的訊息。接著，有人會認為，他們或許會為他的工作提供協助，有時確實也是如此：像是申請建築許可遇到困難之類的事，史塔西就會介入，把事情搞定。之後你還看到威瑪宮殿所珍藏的兩幅杜勒（Albrecht Dürer）畫作在戰末時遭到美軍竊取這類的法律案件，於是她就會想：要是我們贏了這場官司，那麼我或許就會被派往美國、取回畫作！呃，他們後來是贏了官司，只不過文化部卻是遣派他人赴美。她曾向史塔西抱怨此事。

總之，吉爾博士在他跟第一任妻子莉姿．菲爾比所生的女兒移民之後，便於一九八四年辭世。臨終前，他說他仍然深信社會主義。後來吉爾和莉姿所生的女兒，同時也是「米赫拉」的繼女，剛被允許出境，莉姿為了可以離她近些，於是移居維也納。沒錯，莉姿是替蘇聯情報局（KGB）工作，但直到最後，她理想破滅，且對政治深惡痛絕。「米赫拉」的親生女兒，即她和吉爾博士所生的孩子，之後也移民他國，而米赫拉自己則移居柏林，提早退休——領有身為「法西斯鬥士」遺孀的優渥撫卹——直到一九八七年，才從黨內屆退。有一份友人的檔案中曾經提及與「猶太人（吉爾博士真名）」的接觸。即便人人都清楚四處潛在著反猶太主義的氛圍，這還是教人震驚。「但我沒有申請調覽自己的檔案，我不想這麼做。」她似乎也快要把自己當成一名異議份子，一個史塔西監視下的目標。

但她又讀起那些影印的文件，裡面記述了她所密報的細節，有關於我、關於浩夫一家和他們「資產階級生活」，以及關於年少的克里斯多夫．浩夫，一切都是那樣的陳腐、可笑，其中還有昆特爾少尉所列出的採取措施，包括調查他們一家以及仍在就學的克里斯多夫、指示IM從事進一步的接觸。突然間，她放下文件說：「我讀不下去了。我覺得好噁、想吐。」她轉過身，朝門走去，然後當她回來時，她滿臉淚痕，壓低嗓音說：「我找不到任何理由辯駁。」她仍試圖為自己開脫。

她祖父是普魯士的官員，但她祖母是猶太人，所以根據納粹在《紐倫堡法令》（*Nuremberg Laws*）的分類，她父親屬於所謂的「Mischling」，即猶太人與德國人的混血，然而，鑑於他是一名優秀的婦科學家，儘管血統並不純正，納粹親衛隊仍雇用他，讓他在親衛隊於圖林根州的一所產科醫院任職。戰後，她父親返回布蘭登堡擔任資深醫師，先是加入社會民主黨（Social Democrats），後來又加入由社會民主黨與共黨份子強制合併所組成的德國統一社會黨（Socialist Unity Party）。一九四五年時，她才十五歲，對她來說，這正是歡欣鼓舞，深信能夠擁有嶄新開始的時刻。她確信人人正建立起一個更美好的德國。她說，沒錯，新政權的風格極傾向小資產階級，對於像她這樣背景的人來說，那種風格著實俗不可耐，但卻從未改變。她原先抱持的希望只能一點一滴的消逝。蘇聯摧毀的布拉格之春正代表著理想幻滅重要的那一刻。甚至到了一九七〇年，她仍舊深信社會主義是一種較完善的體制，畢竟它就在那，而且在她成年之後的整個人生，她所知道的也只有社會主義。

一九七五年，她在威瑪取得這份好差事，但「迪特」、「海因茲」也隨之而來。當她又激動又斷斷續續的說著，她明顯的透露出她是基於何種複雜的動機，才會願意擔任非正式合作人——出於對這個體制一些殘存的信念。她認為這是出於職責：「在那個位子上，有義務要……」接著是希望利用史塔西加入這場官僚主義的遊戲。其中當然也有她的個人目的，那就是透過杜勒前往美國！還有，吉爾和莉姿都認為我真的是間諜，畢竟，有一場仗還沒打完，不是嗎？一場她的體制與我的體制之間的冷戰。

那麼，她怕不怕？

「當然怕，私下大家都對他們怕得要死。」所以有人藉由閒聊、提供各種無害的細節，以試圖洗刷自己的嫌疑、表現出自己有多麼合作。「然後就變成這樣了……」

當她望著「ＩＭ米赫拉」的影本報告，她幾乎又要再次崩潰，金屬鏡框後的雙眼噙滿了淚水。

「真該有人給浩夫一家寫封信。」在與自己過去所作所為角力的同時，她也極力想要重拾鎮靜。

「但你遭到禁止入境一事，並不是因此事而起吧？」

不，那是發生在我的書在西德出版之後。

哎呀，他們就是這樣的，只有**西德的**意見，對他們才真的重要。「我早該想到的。」「那麼，你現在想要寫些什麼，然後看看我作何反應吧？如今我這樣的反應，對你是不是應該很有幫助？」她苦笑著，接著問起：「你會指名道姓嗎？」

我解釋，我並不想要傷害任何人，因此不會用她的真名。只不過，由於威瑪與菲爾比之間的關連，我要她在不受到家人或熟人的指認下講述這段故事，可謂是困難至極。

她正面臨天人交戰。有那麼一刻，她說：「你帶這來給我看，真的很棒。」接著她說：「呃，也許我可以告你喔，然後海撈一筆……不好意思，開開玩笑罷了……但或許能有個什麼保護機制……」

「我們這麼壓抑……那**幹麼**不去申請調閱我的檔案呢？正因為我並不想知道裡面寫了什麼……寫了些我先生什麼……誰知道還有什麼其他的……我想，我也只有在這段時間裡才廣泛密報了他人的私事。我認為這是**公務**，但……這樣吧，我希望你若真的要寫，你能試圖解釋主觀與客觀的狀況，也就是當時是怎樣的。但這也許不太可能，因為現在就連我自己也都記不太清楚了……」

我們談到傍晚才結束。我在離開時能夠說些什麼呢？「很榮幸能再見到妳」？太難了，還是「我很抱歉這麼對妳」？結果我說的是：「那些影本是給妳的。妳若想要補充什麼，請寫信給我，這是我的地址。」

她回答道：「喔，牛津啊！」她最近才在那裡度過開心的一天。她年年都會去英格蘭探望老友，還有莉姿幼時的舊識。「你留下電話了嗎？也許下次我會打電話給你！」

我倆在門前握手時，她沒說「對不起」，而是說：「你怎麼來的，開車嗎？」

不，我搭地鐵。

「哦，這次和我聯絡上很開心吧？」她奮力為自己掙得尊嚴，保持正常，宛若什麼都不曾發生。實際上也是。

半小時後，當我坐在旅館房裡並拿出筆來，我發現自己的手不住顫抖。

你一定會想像，在全德國的廚房和客廳裡，每晚都上演著類似這樣的對話，其中不乏痛苦的相逢、告知真相、友情決裂，還有牽掛心頭一輩子的事。隨著得知某事後所產生的龐大力量從史塔西慢慢的傳至高克機構的員工，再從高克機構的員工傳至像我這樣的個人，接著再透過有別於多數人的方式，把他人的人生緊緊的攥在手裡，諸如此類的相逢足以達到數以百計，甚至數以千計。

畢竟，有人特別透過想像，而糅雜了記憶與遺忘、混淆了建立在自欺上的自尊，那麼放任他們如此恣意去想像，這樣是不是比較明智？還是說，當面對峙比較好？不只是對你自己好——因為你必須知道——對他們也好？就連「米赫拉」第一次做出困惑的反應時，她自己也說：「你帶這來給我看，真的很棒。」

在我們談話時，她強烈否認，表示自己渾然不知史塔西把她記錄為線人。起初，我還傾向相信她所說，但專家和友人都叫我別這麼天真：「他們總是這麼說的。」繼舒茲女士退休後，丹克爾女士（Frau Duncker）接管我的案件，如今她提議資料庫中或許可以追溯到「米赫拉」個人的檔案。身為一般讀者，你僅能取得線人檔案中與你直接相關的頁面影本。你也能要求取得一份正式的書面文件，確認那些密告你的人的真實身分。「顯然是透過文件的建置，才能做到這個程度。」而身為研究人士的我有所例外，得以一覽他們實際的檔案。

一般線人的檔案有三部分，依據嚴格的規定加以彙編。第一部分的文件有線人的自傳、史塔西取得他們合作的方式，其中不外乎願意擔任線人的書面宣誓書，並在宣誓書上敘明個人所選擇的代號，另外還有他們之後的紀錄，包括他們私人書信的影本、監視他們的其他線人所提供的密報，以及史塔西關切他們可靠與否所留下的註記。第二部分涵蓋他們的工作內容：負責本案的史塔西官員針對他們定期會晤，大多是在「策謀公寓」（conspiratorial flats）時的密報、個人手寫報告、年度工作檢視，與進一步行動計畫等所寫下的詳細內容。第三部分則是所有費用與支付他們「獎金」的單據。

很不幸的，資料庫裡只能找到「米赫拉」第二部分的檔案，而且還不齊全。不過，光是這部分就多到足以讓我繼續進行：近乎六百頁的內容，時間則是從一九七六年到一九八四年，也就是她在威瑪的那些年。一開始，就是昆特爾少尉向「米赫拉」再三擔保「我們單位」——他是這麼說的——將會確保她未來不致遭受任何不測，因為她曾在匈牙利出差期間，被抓到非法攜帶美金、英鎊等硬通貨出境。對此，「米赫拉」可是鬆了一大口氣，她之前一直很怕這會對她以後赴外出差帶來負面影響。幾週後，他又去看她，並記錄她表示「出於專業考量」，已經準備好「與單位合作……她覺得她個人不適合其他任務」。她先生曾向她略微提過**那是**怎樣的。他跟金・菲爾比一向很熟，「在流亡英格蘭期間，也替『友人們』工作。」（這裡的「友人們」是東德人士常用以譏諷暗指俄國人的詞語。）「她覺得這種工作不適合自己。」

兩個月後，她能夠順利從瑞士出差回來，並且進行報告，這可是多數東德人士所夢寐以求的事。昆特爾少尉向她證實了自己的「傳奇故事」，也就是他來自該區議會。接著我還在這裡找到由「米赫拉」親簽的第一份手寫報告。

不過，人還是謹慎為妙。在這份報告的後面，還有其他幾份手寫報告，也都有「米赫拉」親簽，只不過這些報告的字跡，是出於接替昆特爾少尉、定期與「米赫拉」會晤的人物之手。（這個人——「迪特」還是「海因茲」？——可不是一般官員，而是一名線人，職在監視其他線人。）而早先報告中那大大的女性字跡才是出自「米赫拉」本人。實際上，某一份寫著這樣字跡的文件上——一封寫給幾處大使館文化專員的草稿信件——簽署了她真正的名字，之後還被打了個叉，並寫上了「米赫拉」。

她的第二份手寫報告則是關切國安的重要性。「米赫拉」足足花了三頁抱怨大象飯店裡的餐廳服務，那裡的服務員領班戈柏爾先生當著她英國客人的面，對她極為無禮，而那些客人居然還以此為樂。「總之，」她寫道，「（戈柏爾先生）專橫傲慢的語氣把一家國際飯店搞得一文不值。依我之見，這樣的顧客服務並無助於提升東德的國際聲望。」

一九七六年九月十五日，昆特爾少尉寫著他們在下次碰面，也就在九月二十一日，將會進行一場正式召募她為線人的面試。不同於以往，這次會晤將在她的公寓內舉行，而那次關鍵的對話紀錄並未收錄在這疊資料裡，想必是依據標準流程，已經連同手寫的宣誓書——若有的話——一併放入她檔案中的第一部分。不過，後來她被指定擔任ＩＭＶ，這縮寫代表著與敵人進行直接接觸的線人。在後面一點的檔案中，她則被稱為ＩＭＳ，這縮寫指的是負責特殊區域安全的線人。而且她鐵定一直說個不停。

舉例來說，那年秋天，有一名近似柯爾[13]那樣頗具聲望的西德人士參訪藝廊，「米赫拉」強烈譴責其隨行人員在【名字】同志的慫恿下過於善盡職責，「幫忙開門還鞠躬欠身」。

接下來的可就不那麼有趣了。他們每二至三週就會進行會晤，而這種模式只有在她告假或者赴外出差才會中斷，然後在會晤期間，她都會很慷慨的貢獻自己的時間及所知，報告下屬的政治立場：這個人對於我們驅逐歌手兼異議份子沃爾夫．比爾曼諸多批評，那個人對於「我們社會中的諸多問題」表現出「一副近乎資產階級的態度」。她還針對自己前去探望她自稱為在西德的一名摯友，而親手寫了一份長達五頁的報告。

讀起這樣的檔案，你就會看出一名線人是如何慢慢的加入這場遊戲，一如上鉤的魚兒，起初她決意只談到「專業考量」，最終卻涉入最私密的背叛。因為「米赫拉」到了最後，甚至密報她繼女的西德男友。在「指示IM採取進一步行動」下，昆特爾少尉還寫了「Abschöpfung der Tochter」幾個教人不寒而慄的字眼。Abschöpfung是史塔西的另一個技術名詞，好不容易才在一九八五年納入了史塔西的字典，定義為「為獲取消息，意圖利用他人所知、相關訊息及潛在價值，進而與其進行對話的一種例常舉動」。我想，與這最接近的英文字應該是「套話」（pumping），也就是說，「米赫拉」為了祕密警察而從她繼女那裡套話。

或許她真的以為自己只不過是在和「迪特」或「海因茲」閒聊而已，顯現出她是一名優秀的同志和忠實的國民，毫不藏私。你知道的，毫無惡意的閒話家常罷了。或許她從沒想像過，這所有的一切會如此詳盡的付諸文字，即便她自己似乎——要是我分析起她的字跡正確無誤——早已準備好要把事情鉅細靡遺的記錄下來。一如我透過自己的檔案才得知，這類「指示」肯定和實際上所發生過的事關係不大。一句友善的「妳的繼女最近過得如何？」成了教人不寒而慄的「Abschöpfung der Tochter」。倘若她並不知道自己正在做些什麼，那麼，那是因為她並「不想知道」自己正在做些什麼。

為了做出公正的判斷，我想確切的知道「米赫拉」曾談到的人受到怎樣的傷害——若有的話——但這要證實又是談何容易，因為在法律規定下，無辜第三方的名字已遭塗黑。即便我仍可確認出他們的身分，但我還是無法取得他們的檔案。只有藉由檢視那些紀錄，我才能與自己透過其他來源所取得的資訊相互比較，評估出她密報所帶來的影響。因此，唯有那些直接受到影響、如今選擇調閱自己檔案的人們，才有資格說話。我們確實也知道史塔西會特別關注從ＩＭ所得到的密報。ＩＭ一段段看似無害的密報，在經過縫合、連結之後，整體的殺傷力反而變得更加龐大。這整個體制就是這麼運作的。

同時，我雖無法確切說出她給別人帶來怎樣的難題，但我卻能說出她為自己帶來怎樣的

13 Helmut Kohl，有「終身總理」與「統一之父」之稱，其在一九八二年至一九九八年間擔任德國總理，長達十六年，在兩德統一的進程發揮關鍵作用，也對歐洲一體化貢獻甚大（如說服德國人捨棄馬克使用歐元等），但由於晚年似乎捲入非法政治獻金醜聞，其個人之歷史評價尚存爭議。

好處。舉例來說，一個月後，有張便條確認了內部對她繼續出國——罕見的特權——毫無任何的反對聲浪。在他們討論她在未來遠赴日本可能如何為國效力之後，昆特爾少尉寫道：「IM總是立即接受並了解所被分派的任務。『IMV米赫拉』已然具備足以讓他（原文照錄）了解複雜任務的作戰知識與能力。」這裡的「他」所指IM，Inoffizielle Mitarbeiter，史塔西在此並未採用陰性詞Mitarbeiterin。實際上，這是個多數為陽（雄）性的世界：史塔西的線人中約莫只有百分之十是女性。

一九七九年九月，我出現在檔案中的場景。就在下一次的會晤中，昆特爾少尉「指示」她對我該怎麼做。一週後，她並未與我聯繫。一個月後，報告上依然沒有我的隻字片語：「這名IM關心他（即「她」）可能犯了錯。這些疑慮實屬多餘。」十二月底總結年度工作時，昆特爾少尉滿意的寫道，這名IM如今已準備好去做他（她）起初並沒準備要做的事。「重點就在於和賈頓艾許聯繫上。IM因為此（原文照錄）舉大獲讚賞。」

一如我自己的檔案紀錄，一九八〇年至一九八一年的報告內容記述著我倆偶爾聯繫，在這段期間內，她還間歇去了義大利與丹麥。一九八一年底，代號為「歌手」、負責監視線人的線人接下少尉的工作。「米赫拉」則為她的出境簽證不斷發聲。一九八二年三月，紀錄寫著「歌手」和「米赫拉」，「正在評估」我先前刊登於《明鏡》週刊那幾篇有關東德的書摘。六月，「歌手」恭賀她榮獲「祖國銀質勳章」（Fatherland Order of Merit in Silver）以及一份紀念該部創立五十週年的大禮。再下一次會晤，她報告了有關杜勒的長篇故事。要不是我先前已經和她談過，否則我壓根兒都無法藉由閱讀這份文件，了解到一切全是出於她在單位拒絕給她機會前往美國而引致的挫折感。

情況就這麼持續下去。與瑞士大使館聯繫。評估其他職員。部裡送給「米赫拉」的禮物——在剛滿八十歲的吉爾博士生日當天——「我們舉辦了一場高貴莊嚴，又宛如歡度節日的愉快聚會。」「歌手」寫道，接著是一份有關她繼女新任丈夫的報告。

奧地利之行。吉爾博士健康嚴重惡化。一場「旨在向『米赫拉』表明，未來難熬的這段期間，她（陰性形只用過這一次）可從我們單位獲得協助」的會晤。之後她密報了一封前菲爾夫人莉姿的信，提到她在前往維也納之後就不會再回到東德。

後來吉爾博士過世，她從威瑪的這份差事退休，並提議移居柏林，更因收到一名寡婦所寫給政治局黨員哈格（別名「菲力克斯．阿爾賓」）的信而鬆了口氣。哈格戰時曾經待在倫敦，在那認識了吉爾。但就在她離開前，她最後又針對一名早先曾經申請移民的藝術家進行了些許密報……

隨著我探究「米赫拉」合作下繁瑣、偶顯私密的細節，我停下來捫心自問：我真的應該讀這些嗎？即便我應該，那麼你們呢？

當作家或報社編輯正因公開他人私生活的細節而飽受批評時，他們引用了「公眾利益」這個詞。但實際上，他們對於「公眾利益」的定義，常常是「公眾感興趣的事」，也就是能讓他們的報刊或書籍更暢銷的事。在此，是否存在著真正的公眾利益，足以證明「公開鐵定會讓『米赫拉』難堪、甚至可能破壞她和繼女關係的個資」是一項合理的行為呢？

史塔西檔案中的法規可以找到正式答案。根據第三十二條，基於史實，為了探究史塔西的歷史與「政治教育」，我得以調閱、公開檔案中的個人資訊，惟僅限於「當代歷史人物、行政人士或者公務人員——只要他們並非受害人士或受害的第三方」，還有曾替史塔西工作的人——無論是全職員工還是任何種類的非正式合作人，以及曾為史塔西工作而獲益的人。不過，僅有在「不得罔顧這類人士所值得保障的權益受損」下，這條規定方才適用。

但，誰是「當代歷史人物」，什麼又是「罔顧值得保障的權益」？高克機構的法律專家解釋，前者在英文中稱為「公眾人物」，但德國法律卻針對「絕對性的」（absolute）和「相對性的」（relative）歷史人物做出更進一步的區分。「絕對性的」歷史人物就是類似希特勒或邱吉爾那樣的人；「相對性的」歷史人物則是僅在特定的區域或時間內，才在歷史上具備重要性的人，而且他們也只有那段人生，這麼說吧，才會成為眾所矚目或追蹤的目標。「值得保障的權益」指涉個人私生活中較為敏感的細節，因為這些對於理解史塔西是如何運作來說並不重要。

實際上，高克機構的員工在為調閱者準備檔案時就得做出無數的個人判斷。除了留下「當代歷史人物」的名字，同時將「受影響的人及第三方」的名字塗黑，還要遮蔽關乎這類「值得保障權益」的段落。在「米赫拉」的檔案中，就有好幾頁是基於這個理由被遮住了。

有好一段時間，我都一直認為須得做出重大決定並負起法律責任的是他們，但專家讓我了解事實並非如此。開庭時，我會獨自為我所公開的事負起全責。所以，一如「米赫拉」所曾想像過的，她或許可以告我。但我擔心的不是這個。我關心的不是法律責任，而是道德責任。舉例來說，我何不就刪去她繼女的那一部分？很幸運的，我成功找到她繼女的所在地，並小心翼翼的解釋我的立場。她則早已得知繼母曾經密報她，而且還是透過調閱自己的檔案才得知，於是已經和她斷絕關係。「米赫拉」的親生女兒也是一樣透過調檔才知道自己曾遭母親密報。

即便如此，這女人依然故我，與他人的關係也並未改變。在我著手撰寫本書時，我曾和友人討論起這個問題。有些人認為，我應該略去「米赫拉」這號人物。「否則你就變得跟她一樣，」他們說，「如今成了線人了。」有些人則是認為我就是應該公開，因為這**很有趣**。沒錯，有趣是很重要，但只有這樣還不夠。我之所以決定公開——即便不指名道姓——是出於一份信念，深信這麼做的目的更加遠大。在此，我有機會藉著只有這類私密細節才具備的那種生動與逼真，讓人們明白一個人是如何被捲入祕密警察的網絡，並呈現出這樣的合作關係，將帶領那個人踏上怎樣的路。

第六章

ＩＭ「舒爾特」提供了一些仔細詳盡的密報，內容是他遇到我們大概正在討論第三帝國歷史時的經過。除了對我在普倫茨勞貝格區房間的描述，這些報告所補充的內容並不多。一如「舒爾特」悲慘的描述某一次的會面：「總之，我這次的『工作午餐』不是非常成功。」

我透過日記證實他的身分。他是教授英國文學的中年講師，我曾在英國大使於御邸花園所舉辦的英國女皇壽辰宴會時見過他，而他出現在那真的很不搭軋。我猶記，即便他英文非常好，偶爾還會點綴些睿智的話語，但樣貌嚇人，頂上無光，裝得像憂鬱小生，而且無趣至極。

他似乎就是那一類線人——高克機構的專家告訴我們這類線人很多——花上無數個小時手寫或用打字機敲打出荒謬詳盡的報告。史塔西就是他們的筆友。從這名教授與英國大使館三等祕書共進午餐時的言論摘述——正因他們也曾談論我，所以也收錄在我的檔案中——便可一窺那些報告的內容古板守舊、見地狹隘。「與威爾戴許先生聚會的整個氛圍，」ＩＭ「舒爾特」記錄著，「就跟談生意一樣，不過比我原先預期的更加保守拘泥。（難道這案例顯示出年輕人就是要跟「教授」慣性保持這樣的距離嗎？）當我煞費苦心的點好捷克的特產（如餃子），準備開動，我的同伴則是早就吃光了一整盤的雞肝。雖然他是開車來的，但他還是喝了兩、三罐的皮爾斯啤酒。」我不禁思忖，在當今高克機構所掌管長達一百一十一英里的檔案中，光是這類的內容──（如餃子）──就占了多少英里？是二十英里嗎？還是四十英里？

舒爾特個人的檔案幫助我了解到他為何這麼做。這次，檔管人員找到堪為範本的線人檔案，共收錄完整的三大部分。他檔案的第一部分就有兩大卷，第二部分不少於四卷，甚至是有關支出單據、最少的第三部分，也是內容繁多，極其怪異。檔案中的一切內容，告訴了我一個悲慘的故事。故事始於一九六〇年。「舒爾特」是省立大學的新科英文講師，聰明卻也古怪。當時他三十幾歲，未婚，曾於戰時在一所好學校教書，短暫成了希特勒青年組織的一員。其系所所長認為他偶爾有點粗心，但工作上卻常有激勵人心的好點子。他說起英語更是字正腔圓，正因他最近才剛擔任總理出訪亞洲的特派口譯員，返國不久。

但他如今遭人舉發，說他因在酒吧裡飲酒過量而說出這趟旅途中有損總理顏面的密聞軼事，而且還對學生表現出同性戀的傾向。有名學生一五一十的密報了其中一起事件。在酒多巡後，他邀請他們回到公寓，打算更進一步：「『舒爾特』後來說，要是（這名學生）脫下他的皮短褲，那麼他就再從地窖裡拿出一瓶紅酒。」「舒爾特」打了一封長達十頁的信為自己辯護，裡頭盡是歐洲文化史中有關同性戀立場的參考資料，以及他怯懦的自我批評。他寫道，他的行為「大大違反了他身為黨員的職責」，如今他將會「努力光大『同志』這個稱號」。

接著就是與「候選人」的初步對話。檔案中並未詳加記錄那封舉報的黑函，但卻完整記述了一九六一年十二月二十九日九時至十一時三十分期間，在市政大廳所正式舉行的那場召募面試。他為大學中許多同事做了詳細評估，然後檔案裡釘有一個特別的褐色信封，封面印著「宣誓書」三個字——為史塔西效力的宣誓書。信封裡則是空的。不過，第二部分涵蓋了他從一九六二年以來完整的工作紀錄，還有他定期針對同事、學生及熟人所做的詳盡密報。同時，第一部分延續了其他線人一點一滴、謹慎戒備的對他所做的密報（到了一九七〇年，他依舊嚴重酗酒），還有他信件的影本。第三部分記錄的費用有：飲食五馬克、菸酒二十八馬克、電話一百馬克、旅遊兩百馬克，以及偶爾表現優異的「獎金」。

一九七五年，我們找到一張記錄他因為「忠心為國家人民軍隊（National People's Army，NPA）服務」而獲頒銅質獎章的證書。表揚內容指出，頒發這枚獎章，係「象徵肯定其對國家安全部誠實無欺、勤勉認真、忠心不二的服務貢獻」，然後還有國家安全部部長埃里希·梅爾克[1]的親簽。

後來，「舒爾特」因為結識了英國大使館的一等祕書，對史塔西變得更感興趣了，並透

1 Erich Mielke，（1907-2000），東德國家安全部長，在東德短暫的四十年歷史中，其掌控安全部長達三十二年。

過與承辦他個案官員的密切協調，汲汲營營的追求這段友善的關係，其中包括了那名友好的一等祕書寄給他幾本企鵝出版社所發行的《當代詩集選》（*Penguin Modern Poets*）扉頁影本，同時還有他們所有魚雁往返的內容。在他檔案的第三卷中，我們發現他很享受參加劍橋大學彼得學院（Peterhouse College）英國文學會議的這份特權。接著是他針對幾名與會者做出詳盡的評估，並單獨指出雷蒙・威廉士（Raymond Williams）教授是「革新的公民份子」。

我則出現在第四卷中——他怨恨的寫道，我喝掉他不少白蘭地。或許他冀望能透過史塔西再把酒給裝滿。（根據支出單據，承辦他個案的官員在他們下次碰面時給了他兩百馬克，表面上是支付他前往柏林的差旅費，卻也足夠他去買好幾瓶酒來喝。）後來他呈交了一份是否可能再次前往英格蘭的個人便條。英國大使曾在一九八〇年春季於其御邸舉辦過一場晚宴，喬治・史坦納可是在場的榮譽嘉賓（「史坦納教授持續滔滔不絕的說……」），而另一場晚宴則是在同年秋季舉行，他謹慎的密報起提摩西・賈頓艾許搭上路透社記者馬克・伍茲的便車。同年十二月，他獲得三百馬克的獎金，並因為密報英國大使館的工作深獲讚賞，表揚內容還特別指出，這一切的一切，都是他在「閒暇之餘」所完成的。接著，一九八一年一月，他們發展出一套試圖與我重新建立聯繫的策略。

不過，二十六處（department 26）同時也正監聽他的公寓，他們錄到他對朋友說「東德快要垮了」，所以他不可能進一步獲頒「銀質獎章」（Silver Medal），只不過會晤、密報還有小小的賞賜仍舊持續著。到了一九八四年三月，他提議自己或許可以前赴波蘭，與華沙大使館的英國外交官重新建立聯繫。他老想著要史塔西為他的短程旅途買單。但這一卷到此驟然畫下句點。

我回到第一部分，發現裡頭摺有另一個褐色信封，正是一份一九八四年十月四日的「總結報告」（closing report），內容寫著他們「最後一次與ＩＭ『舒爾特』會晤是在一九八四年五月十六日」，然後「一九八四年七月十日ＩＭ『舒爾特』意外身亡」。得年五十七歲。「自ＩＭ『舒爾特』驟逝之後，並無任何政治作戰的結果。」

第七章

IMB「史密斯」所提供的則是衣著上的批評。他說，我「給人一副很隨性的印象（開領，該繫領帶卻不繫……）」。

他把我形容成「資產階級的知識份子，接受自由人文主義教育，抱持著自由民主的態度」，這真是再正確也不過了。他還發現，「（我的）好奇不知為何顯得天真。不放過每一次充實自己的機會。在『酒吧的角落』與老工人——也就是與那些猶記（納粹）時代的國民——聊天。」

我對「史密斯」毫無印象，日記中也僅寫著「在洪大與英國共黨份子吃了很久的午餐」。在經過幾次錯誤的查考後——有那麼多「史密斯」嗎？——檔管人員終於拿出正確的檔案。他是英國人，曾在一九七〇年代於洪堡大學擔任理工科講師，迎娶東德人為妻後定居該地。在這，在他檔案的第一部分中，溫特少尉用了「傳奇故事」這個字眼，提議與他聯繫。溫特將會致電，佯裝自己來自市議會，見面之後，他則會表明自己是國家安全部的海因茲・藍茲

（Heinz Lenz），並說明這個英國人的名字出現在西柏林西德情報單位的名冊裡。狀況看來很糟，但他們需要他的合作釐清此事，實際上也就是說：給我證明你是清白的！

這樣的把戲居然有用。一週內，他們又與線人候選人「博士」——現在他們這麼叫他——會面。兩週後，這名候選人撰寫並簽署一份承諾書，表示將對這幾次的聯繫守口如瓶。第一部分的後面，我發現寫著「宣誓書」的褐色標準信封，裡面裝有他「自願支持國【家】安【全】部」的手寫宣誓書。為此，內容最後寫道：「我選了『史密斯』作為代號。」到了一九八一年，他則成了IMB，這個縮寫在一九八〇年取代了（一如「米赫拉」的）IMV，但本質上意義相同：與敵人直接接觸、位階最高的線人。

身為英國人，你總會認為：英國若是具有共黨份子所組成的祕密警察，那麼我們會不會擁有這麼多線人？看吧，這裡就有個英國線人——還是個很忙的線人。他的第二部分收錄了六百頁，分成三冊，卻僅帶我們回到一九八六年。最後一冊並沒找到，或許還放在溫特辦公室的壁櫃中，又或許已遭絞碎或燒毀。

一開始，他主要密報自己與英國大使館的聯繫，之後單位要求他進行有關在西柏林英國領事館圖書館的報告。又是極其詳盡的描述——還有手繪地圖咧。緊接著是透過打字的指示內容，正式下令他前往英國。倘若英國的「特殊機構」試圖與他聯繫，那麼他該怎麼應對：「別緊張，表面上要保持鎮靜！」他的特別任務就是要詳加描述——藉由手繪地圖——英國領事館總館在倫敦市中心「春之園」（Spring Gardens）的樣貌。就把任務交給「史密斯」吧，然後可以肯定的是，這就是他透過比羅牌原子筆所描繪出的地圖：有英國中央政府、特拉法加廣場（Trafalgar Square）、購物中心，還有畫錯位置的「春之園」。

稍後，單位再次對他正式下令，在一九八二年十二月四日十一至十三時，他需要前往西柏林歐洲中心（Europa Center）的翠玉餐廳（Jade restaurant）監視一名女子及其同伴。為此，他將獲得一百五十德國馬克的零用金。他在自己毫無啟發性的報告中，聲稱他懷疑那名來自中國大陸的服務生也在監視他們。

在這些或多或少荒唐可笑的任務之間，有著一份他與我相遇，並且詳加密報東德其他英國人士的手寫資料。之後，為了執行我檔案一開始的行動計畫——「考量ＩＭ主、客觀的可能性」——裡頭寫著極為詳細、試圖與我重新建立聯繫的指令。他試著從英國大使館的威爾戴許找出我身在何方，卻要表現出並非他刻意所為。「別透過講課！」溫特提醒道。一如許多學者，「史密斯」顯然傾向於透過講課，而非對話來找出我的行蹤。於是他們同意了一封他要託威爾戴許轉交給我的信件內容，然後那封信就在這。或許我還記得我們碰面時的場景？他已經讀過我所寫有關波蘭的文章，然後想要有進一步的討論：

> 無論你何時人在柏林（西德或東德），我都很希望能有機會與你碰面，聊聊這些。要是你取得更多資料，我也很歡迎你能把資料寄來。（單就此事，我沒什麼要補充的，請把資料寄到英國大使館，附上紙條說明要轉交給誰就行了，就是別寄到我的私人住址！）

我喜歡那句「我沒什麼要補充的」：畏懼史塔西，你明白的。

我毫無印象曾收過這封信，但是現在，就在十五年後，這封信透過檔案送到我的手上。

一九八六年，該處似乎受夠了史塔西給他們上起有關歐洲政治學的冗長課程，而不是「史密斯」自己想傳達的內容——人的醜聞。我開始了解少尉筆下「史密斯」教授有限的「主觀可能性」所指為何。不過，到了一九八六年中，紀錄驟然中止。

電話簿裡也找得到他。我說，哈囉，也許你還記得我們曾碰過面？

「隱約記得。」

一起午餐嗎？

「好啊。」

一名英國人有可能在路上看起來完完全全像個東德人嗎？「史密斯」就是了。身穿帶有風帽的禦寒外套，褐色長褲，白色襪子和褐色鞋子。（就連溫特少尉都忍不住在檔案上評論：「『史密斯』扮相整潔，但穿著不怎麼時髦。」）他面色紅潤、長有雀斑，笑起來很緊張。

想來點雞肉嗎？

是的，他用德文說：「Ta（謝謝）。」

如今我告訴他，我正在讀著自己的檔案，有一名ＩＭ「史密斯」曾經密告我，而那位「史密斯」似乎就是他。

「有可能。」他說。

之後，毋須進一步的慫恿，他便娓娓道出，他們起初是透過一通名義上從「市議會」所打來的電話，才開始找上他的。他很擔心，以為接近他的是美國中央情報局（ＣＩＡ）。後來他們一如安排好的，在洪堡大學前見面，在校園內找了一處空教室，接著「海因茲．藍茲」就給他看國家安全部的識別證，他非常震驚，而且在「海因茲．藍茲」解釋他們懷疑他一直受到西德祕密情報單位的跟蹤時，他更是震驚。他說，「藍茲」當時用了一堆「詹姆士．龐德的台詞」交代事情的始末。待「藍茲」一說完，他整個人惶惶不安，很怕遭到他們驅逐出境——那他老婆跟小孩怎麼辦，難不成就這麼困在柏林圍牆後？他回到家，和妻子討論，後來兩人決定，為了證明他值得信賴，他應該配合。

當然，這是錯誤的決定，不過完全可以理解。然而，他緊接著解釋，他同時也把史塔西視為與東德溝通的媒介。他說，他正簡單嘗試做起東德天主教教會行政總管史鐸佩（Manfred Stolpe）——檔案中稱為ＩＭ「祕書」（Secretary），如今可是德國社會民主黨布蘭登堡的總理——過去透過聯繫史塔西而一直嘗試在做的事：向高層傳遞政治訊息。像東德這樣的共產國家，麻煩就麻煩在本身「缺乏公民社會網絡」，而他正在彌補這方面的缺失。

接著，他過去認為史塔西是一小群「類似軍情五處」的祕密部隊，直到一九八九年，他才了解到那是如此龐大的帝國。他持續追蹤著媒體間的辯論，發現了有些人的所作所為「不可思議」：監視自己的朋友，協助「把他們送進監獄」。

他個人的「原則」則是與史塔西談論社會與政治議題，迴避人的議題。但他其實很想知道自己究竟「恪守這點」到什麼程度。他曾寫過一份有關我的內容，而此刻或許是給他看這份內容的適當時機，他讀起來侷促不安，之後還短暫避開與我四目交接，說那目光令他「煩躁」。「婉轉的說來，我很後悔。」

他最近一直在想他們所言是否屬實，也就是他們在「西德情報單位」名冊上發現他的這件事。他們怎不明說是哪個單位？當時的他深信不疑，但現在的他認為這有高達六成的機率是他們虛構的。

我告訴他確實如此。

後來，我詢問翠玉餐廳的那段插曲刺不刺激？他覺不覺得自己就像詹姆士．龐德？

不，他嚇壞了，他覺得自己會中彈！後來，他要求他們別再派他去執行這樣的任務，這樣，他至少還能把德國馬克花在西德的書報上。

那英國領事館的手繪地圖呢？

又是一陣尷尬。他覺得那只不過是「小小的測試」。

一如我們現在的談話，他也和官員——這麼多年了，想必已有一些——說了很多。那麼，當時他又為何要親手寫下這麼冗長的紀錄呢？「因為我有過很糟的回憶。」他會先以口頭報告紀錄內容，再呈上紙本。官員中有的拘謹，有的隨性，交相混雜，非常奇怪。過了一段時間，

「海因茲．藍茲」告訴他部裡已總結出他不是西德間諜，為了彰顯對他的信任，「我們想要建議稱呼 Du（你）就好」，之後就叫我海因茲，然後持續密報吧。

關於他所提供的個人密報，他著實認為這些都只不過是單純的小片段，對他來說，普遍的政治分析才重要，他可是還為他們寫了長篇大論呢。我則指出，對他來說重要的，對他們來說不見得也重要。他們所感興趣的，正好就是這些零碎的片段，之後他們會像考古學家重新拼合古羅馬時期的鍋壺那樣，拼湊那些片段。沒錯，他現在懂了。

午餐最後，他緊張的問說：「你會用我的真名嗎？」他希望我別這麼做。我說我不會，我只會用「史密斯」。

幾個月後，我在柏林發表一場公開演說，主題是應該如何面對共黨主義的過往。我詳細的討論起史塔西檔案的開放，其中包括我個人的經歷。演說之後前來找我的人群中，我很訝異看到了「史密斯」，他給了我一枚信封。我回到飯店打開來後，發現他在信裡說，他已申請調閱自己的檔案，而且會很高興再次與我碰面，「好加以思索個人面向」。

他還附上一份三頁的打印稿，標題為「MfS 隨想」（Some thoughts on the MfS），宛如一名感興趣的學者寫給另一名感興趣的學者，他毫未提及自己涉入其中，反而是用普遍性的字眼討論起整個問題。舉例來說：「MfS 檔案中的材料反映出 MfS 的本質形象（密報、詮釋、專有名詞等呈現方式）。任何精通文本分析、認知問題以及建立文本目標的人，將能領略到詮釋這類材料所需的用心。」

他的內文中，「我」這字眼一次也沒出現。

第八章

我是在柏林一場有關反法西斯抗爭活動的小型展覽上首度遇見R女士的。她年約六十，滿頭白髮，你可以透過她的泰然自若、穿著得體、談吐文雅的儀態與風格，就從周遭的人中一眼認出她來。事實上，她來自一個家道豐厚且極具文化涵養的德國猶太家庭。她在一九三〇年代初還是青少女的時期，便轉而信奉共產主義，在希特勒崛起後不久，她因為這點而遭到學校退學。後來她離開德國，遇見了人生的伴侶，跟隨他至莫斯科，然後結為連理，生下一子。很快的，就像許多其他人一樣，她先生在肅清史達林份子的一次行動中遭捕，並在蘇聯勞改營中待了十幾年，而她自己則在所謂的「勞工隊」（Labor Army）服役。有一段時間，她兒子還被帶離她身邊，且安置在孤兒院。

多年後，他們又生下一子。到了一九五〇年代中期，他們設法想要回到如今共黨統治下的德國。她先生從勞改營那些年回來後，身子就從未完全康復，但至少她在這有份好工作、志趣相投的好友，還有她所珍愛的孩子。不過那時，就在西德邊界最終因為修築柏林圍牆而遭到封閉之前，她的長子與其妻小逃往西德，然後她有整整十年沒有再見過他們。

隨著共產黨的統治直接導致了這一樁又一樁的個人悲劇，你或許會認為她早已成了一名暴力的反共產主義份子，但她卻默默、憂心的抱持著一份熱情，聲稱自己仍舊堅信共產事業最終的廉正與偉大。她是否正透過這點來把自己的苦難合理化呢？如果共產事業既公正又偉大，那麼她所承受過的一切苦難也就不致白費，同時他人或許就有機會明白，更美好的未來指日可待——但這也只是我個人的臆測罷了。

對話間，她並未沉浸在痛苦中，反而充滿好奇，熟知諸多奇聞軼事，而且說話之快、有條不紊還帶著鼻音，判斷力極是敏銳。我倆一拍即合。我日記裡記載著在她鋪著拼花地板、木質書架多到氾濫的靜謐公寓裡那一頓愉快的晚餐。當時，我適逢東德初次上演劇作家羅爾夫·霍赫胡特（Rolf Hochhuth）的戲劇《律師》（*Lawyers*），該劇主要內容描寫一名前任納粹軍事法官的醜聞，他時常因人們犯了小錯就輕易將他們處死，卻仍一直在西德坐擁高位。

一九八〇年四月十五日，我發現我倆還去看了東德後布雷希特時代（post-Brecht）首屈一指的戲劇家海納·穆勒（Heiner Müller）名為《農民》（*The Peasants*）的劇作，然後回到她的公寓，進行我日記裡所謂的「談心」。我日記記載著她對我說：「啊，若你是我兒子就好了。你的雙親把你教養得如此優秀。」當時我所想的是，我的雙親一樣會對這樣一名德國猶太共黨份子讚譽有加。我同情她、敬仰她，並將她視為好友。

所以，當舒茲女士遞給我證實她就是第二十總處（Main Department XX）中作戰部隊線人的檔案頁面時，我真的非常難過。第二十總處主事滲透並監視文化生活、大學、教會，以及他們所謂的「地下政治活動」。第一份報告更讓我吃了一驚。上面寫道，早先我所曾與之會晤並談論其作品的劇作家海納．穆勒，居然告訴她他認為我是英國間諜。「在某種程度上，」報告結論寫道，「有可能進一步部署ＩＭ。」

一九八〇年四月二十八日，下一份報告開頭便寫道：「HA XX/OG 的ＩＭ已奉示建立起和英國公民戈敦艾許．提摩西（Gardon-Ash Timothi）的聯繫。」接著就是她密報我們去看海納．穆勒的戲劇，還有之後談及我所撰寫反納粹作品的對話。「對於ＩＭ評論這類作品在英國已經過時，並主張在與ＦＲＧ（即西德）相較之下，東德在歷史上已經戰勝了過去的包袱，戈敦艾許的反應很消極。他否認西德存有任何法西斯的政治團體，並強調自己在那有許多好友。

「戈敦艾許似乎對威瑪印象最為深刻。他不久後就會再赴威瑪，參加討論莎士比亞的會議。

「ＩＭ再次暗示羅爾夫．霍赫胡特【原文照錄】所做的評論，他曾描述戈敦艾許是一名英國間諜，對此，Ｇ則回覆，霍赫胡特就像許多其他人一樣，讀了太多不正經的報紙，而且老是依據這些，把在國外發現的另一名英國人都當成間諜，一點都不難為情。」

第三份報告也是取自相同的檔案，裡面敘述我與柏林共黨份子在對抗納粹主義後的倖存者進行了另一次會晤。這份報告實際上是出於R女士之手？還是出於部隊其他成員之手，這點並不清楚。當我被問及為何研究起這個主題，我顯然回答，傳統上牛津和劍橋都會分派這類的題目。「消息來源【即史塔西的線人】暗示二〇至三〇年代，共產主義有不少友人都是來自這些大學（金．菲爾比），此言一出，賈頓艾許（Gorton-Ash）不發一語，面露譏諷。」

過了十五年，我再次坐上同樣的沙發，身在同樣的公寓裡，感受上卻有些不同。R女士如今已經相當年邁，卻仍**穿著講究**，聰慧伶俐。當我告訴她，我為何再來看她，她說：「所以我該怎麼做？跳窗嗎？」她斷然否認自己知道史塔西把她記錄為線人，而且婉拒看一看帶來的檔案影本。

之後，她提醒我，她在深信已久的共產主義下所曾歷經的重大苦難。「不，提姆，」她說，「一切沒這麼簡單。」然後隨著她——如今痛苦的——說起勞改營的可怕、已故的先生和遠方的兒子，我們都了解她正把她苦難的重量，加諸在我審判的天平上。很重。不到幾分鐘，我告訴她我無權像個審判她的法官一樣坐在這裡，我會保守她的祕密，那麼，請她務必平靜、滿足的安度晚年。

但就在我離去時，我能從她眼中看出，此事將縈繞在她的心間。我認為，不是因為單純與史塔西合作的事實——她畢竟是一名身在共產國家中的共產份子——而是因為替祕密警察工作、還以線人的身分被寫入檔案中，是多麼的低下且卑賤。那名勇敢、驕傲的猶太女孩曾花了大半輩子去爭取更美好的世界，而這所有的一切，正是來自她遠方那崇高理想的呼喊。沒錯，她仍會殘留著「未來此事就算不透過我，或許也會透過他人公諸於世」的恐懼。

如今，我幾乎希望自己未曾與她當面對質。我究竟是出於什麼正當的理由，又擁有什麼權利，能去否定一名受了諸多苦難的老太太選擇遺忘的這份優雅？

第九章

從一九八〇年秋季以來，檔案裡的內容全是波蘭。有張內部便條寫著我計畫再赴波蘭。他們是怎麼知道的？有份報告詳述我與瑞士伯恩某個「反蘇聯流亡者期刊」的編輯聊起有關「反革命組織KSS『KOR』（保衛工人委員會）」的對話。他們是竊聽我的電話？還是他的？同一頁上，還有其他來源的密報，指出「因為波蘭的狀況，兩個未經確認的美國通訊情報團已在西柏林的『惡魔山』（Devil's Mountain）部署好通訊諜報站。」然後還有幾份我在波蘭為《明鏡》所寫的報告。總之，似乎正是這些文章，以及我和波蘭「反社會主義組織」的關連，最後才導致他們齊力對我展開調查。

當時，我又回到西柏林。一九八〇年十月七日，隨著恩格斯禁衛團在軍事遊行的尾聲持著放入康乃馨的來福槍管邁步向前，我駛經查理檢查哨，回到普倫茨勞貝格區的小房間拿好自己最後的筆記跟物品，再前往威爾默斯多夫的大公寓。為了西德出版社與讀者，我在維蘭德街書寫有關東德的著作，而且在那裡又住了一年。為了配合該書於一九八一年秋季出版，後來《明鏡》連載該書書摘，只不過那一整年，真正讓我著迷的其實是波蘭，因為團結工聯的革命度過了一次又一次的危機。

史塔西也對團結工聯十分著迷。當我與格但斯克造船廠的罷工工人在一起時，人在華沙的同志上將馬庫斯・沃爾夫焦急的跟波蘭情報局的同事說起這事。他們向他再三擔保，波蘭執政黨絕對不會承認獨立的工會。沃爾夫後來搭機飛回東柏林，致電外交部長，告知他這項可靠的內部消息。部長說：「你沒聽說嗎？」十月初，埃里希・梅爾克告訴他國家安全部的資深官員，此時波蘭所正發生的，可是關乎東德的存亡。基本上，我的線人檔案——從「舒爾特」到R女士——全都涵蓋了他們特別打聽民眾對於團結工聯的反應。該部這龐大的組織也已全體動員，找出東德是否可能染上「波蘭病」。

波蘭本身已經成了東德國安部門的「作戰區域」，也就是預留給蘇聯集團以外國家的一種狀態。他們在波蘭的所有主要城市中都擁有「作戰部隊」，在柏林還有特別的「工作小組」，在我前往波蘭那幾次，安排線人跟蹤我的就是這個小組。在這，毫無任何證據顯示這樣的事真的發生過，但我已經在我的線人檔案，而非我自己的檔案中，發現到有這樣的資料。哪天波蘭人若是一如德國人那樣，決定要開放他們祕密警察的檔案，那麼我或許也能從中找到什麼。

這份檔案裡確實包含我在東德的柏林舍訥費爾德機場剛要搭機飛往華沙時，他們私下從我行李中所取出的文件影本，其中包括地下出版刊物、波蘭政治領導性人物的簡歷、地圖、名片，甚至是我所攜帶的書本封面——然後是我筆記本的手寫內頁。

我在其中一張頁面上，憑著記憶寫下了異議份子最高守則——我稱之為「彷彿」原則（principle of As If）——的不同版本，並回想起為波蘭最勇敢，同時也最具領袖氣質的波蘭民運人士之一：亞當・米奇尼克[1]奉獻致力的當代波蘭詩人日茲德・克里尼可奇[2]所寫的一首詩：

真的，我們並不知道
如今你在這生活
須得佯裝成
你活在其他地方、其他時代

對此，我加上了偉大的蘇聯異議份子沙卡洛夫（Andrei Sakharov）與曾在德國因政治因素而鋃鐺入獄的德國友人加百列・伯杰（Gabriel Berger）的評論：「洛夫：表現出你彷彿活在自由的國度！伯杰：彷彿史塔西並不存在……」又是在史塔西檔案中找到的。

1 Adam Michnik，（1946-），波蘭思想家，有「反對派運動設計者」、「共黨時代異議人士」之稱，因推動波蘭政治民主化，多次被當局羈押。其代表作為《通往公民社會》，現為波蘭最大報《選舉日報》主編。

2 Ryszard Krynicki，（1943-），波蘭詩歌「新浪」運動先鋒，詩作頗豐，為波蘭戰後傑出詩人。

現在，我從自己在牛津的書架上拿起那本筆記本，讀了起來。就在一月份某個大雪紛飛的拂曉之時，我搭上奔馳經柏林圍牆、逕往舍訥費爾德機場的特別巴士。「邊境上的透明冰層。」接著：「機場的海關人員。我的文件受到一頁頁徹底的檢查。一枚放有兩千德國馬克的信封。他探查似的瞄了一眼，問道：『這是**你的**嗎？』」如今在我看來，他們正同時祕密的影印那些文件。接著，日記裡寫著：「德意志民主共和國國際航空飛機上的中年男子。羊毛背心，還有那張與絨氈室內拖鞋匹配的臉孔。」

我在華沙機場又受到另一次詳細的盤查。唯恐搭上入境處有如土匪打劫、高價索收馬克或美金的計程車，我穿過灰色、覆滿白雪的街道，搭上產自蘇聯、普遍又破爛的拉達計程車，前往我常去的歐羅普斯基酒店。那裡曾是城裡最氣派的酒店，如今卻是破爛骯髒。（發現衣衫襤褸的大主教格雷安・葛林也住在這裡是多令人開心的一件事啊。）我在酒店房裡接過幾通電話，背景有著奇怪的噪音。接著影片快轉。

斯皮特爾納街上團結工聯的辦公室熙熙攘攘，古老的影印機在角落砰砰作響，員工此起彼落、興奮不已的閒聊要比任何酒會的聲音來得更大，工人緊捱著教授，就為了拿到攤在臨時湊合的擱板桌上字跡難以辨認的最新公報，角落咖啡廳裡的哈內克、喬安娜和安傑伊手上的菸一根接著一根，茶也一杯接著一杯，他們開起玩笑，突然說話。說完「哈囉！」（Cześć）「嗨！」（hej），他們便前往有軌電車司機所在的駐停維修站，在那，大眾運輸的罷工活動一觸即發。運輸工人的領導人士名為沃伊切赫·卡明斯基（Wojciech Kamiński），二十八歲，蓄有大鬍子，穿著皮夾克，目光如炬。他父親曾在西德與波蘭軍隊共同對抗希特勒，之後他回到波蘭，遭到共黨人士囚禁。如今他兒子迫切想要為他而戰。

我一路趕到波蘭遙遠的東南方，那裡的農夫正要求成立自己的團結工聯。木造的村落，大雪覆蓋下如詩如畫的風景，農夫的大臉，親手編織籃子的女人——我們現在是在什麼時代啊？我又衝回華沙參加另一場由團結工聯國家領導人、在拋光木材間面容粗糙的礦工、鋼鐵工人，以及天主教知識份子俱樂部彬彬有禮的祕書群所共同召開的危機會議。激動、笑聲、美麗的女子及偉大的事業。我夫復何求？而且到處都是這個和平革命的美好標誌：以鮮紅色的雜亂字母寫成「Solidarność」（團結）的字樣，挾著雄渾的筆勁、堅毅的風骨，飄揚在紅白色的波蘭國旗上，印在紙上鮮明醒目。

波蘭本身就是記者口中「驚心動魄的故事」。要追隨這樣的故事，就像被綁在狂奔中賽馬的鞍部帶上：非常刺激，卻無法處於觀賽的最佳角度。但我也試圖透過正面看台，甚至空中鳥瞰來取得好的角度，並試圖了解這個故事已經成了歷史——當代歷史——的一部分。

對我來說，波蘭也是目標。「波蘭是我的西班牙」，一九八〇年耶誕節前夕，我在日記中如此寫道。在我的報告與評論中，我總是試著做到絲毫不差、無比準確，對所有的人不失公允，亦能有所批評。我並不偏頗，我希望「團結工聯」能夠勝利，也希望波蘭能夠自由。

我所相處的人當中，有不少人屬於波蘭的一九六八世代，而且還成為我的好友，直到現在。海蓮娜・盧佐（Helena Łuczywo）個子嬌小、孜孜不倦，身為地下出版刊物與《團結工聯》報紙的編輯，她菸不離手，口若懸河，向來就是我的嚮導兼幫手。沃伊切赫・卡爾平斯基（Wojciech Karpiński）是文學評論家、美學家，更是研究波蘭小說家兼劇作家貢布羅維奇（Gombrowicz）與俄裔美國作家納博可夫（Nabokov）的行家，他已成了我波蘭文化歷史非正式的家教。然後是精力充沛的亞當・米奇尼克，他談風甚健，還有看去一口教人銷魂的爛牙；該世代中倡導自由保守主義最是辯才無礙的馬辛・克羅（Marcin Król），還有詩人雷沙德・克利尼茨基，他字字斟酌，彷彿這世界的道德狀況可能取決於他的每一個用字。

波蘭的六八世代與德國的六八世代有著共通點，重要的共通點，那就是衣著隨性、程序化的非正式用語（直呼 ty〔你〕，而非正式的 pan〔先生〕）、更普遍的看待性愛與人際關係的態度。但他們也有其他更為重要的截然不同之處。波蘭的六八世代，一如德國的六八世代，都不願遵循老一輩的路，正進行抗爭，然而，此處父輩的罪不是納粹主義、與納粹主義合作，或者單純無法徹底抵抗納粹主義，而是共產主義、與共產主義合作，或者僅僅無法與共產主義抗衡。再者，德國的六八世代本身從未歷經納粹主義，而波蘭的六八世代則是歷經共產主義，至今也仍在其統治下。

一九六八年，波蘭就曾見證執政黨針對黨內各大層級與學生間擁有猶太血統的人——尤其那些本身就是猶太共黨份子的孩子——所發起的恐怖反猶運動。如今參與反共產活動的人士裡，就有一部分是類似紅麗姿、R女士那樣波蘭人士的孩子，而這一部分與其總人數卻是不成比例：猶太人為中歐歷史所做出的傑出貢獻如今再添一樁。

無論是猶太人與否，那些過去持續加入反對勢力的人，都能說出幾段遭到祕密警察騷擾、歧視並逮捕的故事，這與德國六八世代「職業禁止」（Berufsverbot）與「結構性暴力」的故事相比，對我來說，絕大部分似乎都是微不足道、甚是可笑。我喜愛這些波蘭的反抗故事。我極為仰慕「團結工聯」老一輩的知識領導人，像是身為史學家、如今轉而創造歷史的格瑞邁克（Bronisław Geremek），以及約瑟夫．提施納（Józef Tischner）神父，他總有從深山原住村民那裡聽都聽不完的低俗笑話。然而，最讓我印象深刻的，不是這些知識份子中的任何一位，而是鋼鐵工人、佃農、辦公職員與家庭主婦取得自我發言權，並藉以說出單純卻撼動人心的話語。這是個聖靈降臨的時刻：他們得以發聲。

整個中歐在一九八九年的革命都像那樣，只不過我是在一九八〇至八一年的波蘭首次見到。當時不是一名詩人，而是一名在波茲南（Poznań）的工人，一個個子矮小、臉色蒼白並穿著骯髒黑夾克的人告訴我，「這是一場靈魂的革命」。沒錯，當時也存在著現實的困苦、飆漲的通膨、甚多的混沌不明，以及對蘇聯侵略的恐懼。但這樣的恐懼，常常都是波蘭以外的國家，比波蘭本國要來得更加敏銳。偉大的波蘭反抗詩人赫柏特[3]在一九八一年初回到華沙

3 Zbigniew Herbert，（1924-1998），波蘭詩人，二戰參軍，戰後一度非常活躍。因不願盲從官方宣傳社會主義，而停止在官方文宣上發表詩作直到一九八〇年代其作品才得以在地下刊物發表。

時，開玩笑說他忍受不了國外那種緊張，在那之後，我前往諸如尼加拉瓜、薩爾瓦多，甚至波士尼亞等其他危機據點時，就曾目睹過這種怪異的轉變。在波蘭外，你想像著人人每分每秒都過得提心吊膽。進入波蘭，則有穿著正常的人們在靜謐的大街上忙起平時的事、逛街、調情和閒聊。

這次特別的冬季之旅就在三名魁梧剽悍的祕密警察敲起我酒店的房門，用他們破爛的波蘭國產轎車波羅乃茲（Polonez）載我前往警察局，並命我二十四小時內離開波蘭而畫下句點。後來我飛往漢堡，參加一場我與出版商、《明鏡》資深編輯的會議，其中有場對話我至今難忘。根據我的筆記本，內容大概是這樣的：編輯對我說：「俄國人會不會下週就入侵？」我解釋，判斷在波蘭會出這樣的事，那可是最糟糕的了。出版商對編輯說：「我們有坦克嗎？」過了一會兒，我才明白他所指的是用來當作封面故事的坦克照。編輯說：「實際上俄國坦克賣得不是很好。」（早先的封面故事是一輛俄國坦克輾碎了一隻波蘭白鷹。）出版商張開四肢、靠向椅背，若有所思的自言自語：「血要流得恰到好處，那麼我們的封面故事才算成功。」對我來說，玩笑可不是這樣開的啊。

德國和波蘭也有很特殊的強烈對比。一般說來，在波蘭，他們對自由的經歷與渴盼遠大於對戰爭的恐懼；在德國，則是恰恰相反。原因很多：歷史不同，對俄國採取的方式也不同。不過，德國特別害怕的是，要是華沙公約組織[4]的成員真的進犯波蘭，那麼東德軍隊便有如捷克斯洛伐克在一九六八年曾遭蘇聯入侵那樣，無法置身事外。在繼希特勒德意志國防軍[5]

四十一年之後，德國士兵將再次跨過波蘭邊境。我在離開東柏林的那天在日記上寫道：「如今對我來說，俄國人大舉入侵波蘭的機會似乎很大。（那德國人呢？D博士也說「肯定如此」。）」沒錯，D博士就是丹普斯博士，他才剛和我共進午餐，為我踐行，還送給了我一大套的齊勒畫作。要把自己送回當時的那種恐懼中非常困難。因為這件事並未成真，所以我們或多或少也都覺得事情壓根兒就不會發生。但時至今日，當我寫到這裡，我眼前就放著東德領導人何內克曾在一九八〇年十一月二十日告知共黨波蘭政治局黨員史蒂芬・奧爾謝夫斯基（Stefan Olszowksi）的官方紀錄：「我們不愛淌血，那可是最後的手段，但就連這樣最後的手段，也唯有在我們須得捍衛工人、農人這兩大勢力時，才能付諸實行。我們在一九五三年時的經驗就是這樣的，還有匈牙利在一九五六年所爆發的事件、捷克斯洛伐克在一九六八年時，也都是如此。」我眼前也放著一張取自東德國防部檔管處的圖表，顯示軍隊要跨越波蘭邊境的緊急應變計畫。蘇聯實際上有多想入侵波蘭，德國曾認真考慮過要如何參戰，這些都將永遠成為歷史上的不解之謎，只不過這樣的恐懼絕非空穴來風。

西歐甚至存在著更強烈的恐懼（那在今日看來似乎不可思議），也就是在對所謂「第二次冷戰」——雷根對上布里茲涅夫，美國巡弋飛彈對上蘇聯SS-20中程彈道飛彈——日趨緊

---

4 Warsaw Pact，一九五五年五月在華沙簽定的東歐共產國家軍事公約，會員國包括阿爾巴尼亞、保加利亞、捷克、前東德、匈牙利、波蘭、羅馬尼亞及前蘇聯。

5 Wehrmacht，一九三五年至一九四五年間納粹德國的軍事力量。

張的恐懼下，波蘭革命很可能會引爆足以摧毀地球萬物的核戰。當時伯恩、倫敦與阿姆斯特丹都有大型的示威遊行，人們在車上貼著「現在是午夜前五分鐘」的貼紙。

相較於西歐的和平運動，我的確比較認同東歐的自由運動。實際上，針對上述兩者之間的關係，我曾與英國和平運動的偉大老先知暨史學家湯普森（E.P. Thompson）有過辯論。如今回想起來，我認為當時大家把核戰的危險描寫得太過誇張，甚至到了可笑的地步。不過，回憶又耍了我一次。我很訝異的發現，我居然在一九八〇年日記的最後一頁寫道：「接下來十年內將會爆發核戰。」然後彷彿英文字母小寫還不夠力，我甚至用起大寫強調：**「我們將在十年內目睹核戰爆發。」**（WE WILL SEE A NUCLEAR WAR IN THIS DECADE.）

在革命與世界末日隱約逼近之下，我個人的私生活則是有所轉變——我墜入愛河。達努塔（Danuta）在來到西柏林前，是在美麗的克拉科夫中異議知識份子的環境下長大的。她充滿詩意，見多識廣，美麗動人，神采奕奕，不論悲傷還是熱情，都極具渲染力。那幾次忙亂的波蘭之旅中不乏夏日的自行車行、萬湖（Wannsee）湖濱美麗森林中陽光普照的午後，還有在路邊希臘餐廳度過的夜晚。但一回到維蘭德街的公寓，一通電話或是廣播中的新聞快報便捎來了更多東德陷入危機的消息。

為了向倫敦傳送電報，我急忙趕至溫特菲德特街（Winterfeldtstrasse）上的郵政總局投遞另一篇文章，同時聽著車上卡匣播放機裡費雪・迪斯考（Dietrich Fischer-Dieskau）的男中音在舒伯特的歌曲間奔揚跳躍：

歡笑與哭泣，隨時都可以，
交替地出現，因為出於愛。

此刻歡笑，下一刻哭泣，愛情就是這麼回事。愛情如此，革命也一樣。我的日記中，記載著個人狂喜和危機的時刻，而這些都隨著類似「對波蘭感到高度焦慮」這樣的內容交替出現著，我們個人的命運似乎也完全與波蘭的命運緊密相扣。

今天，我們的兒子比較愛聽我們說起共產主義下有趣的生活故事，特別是有關祕密警察的。「媽咪，妳繼續說啦，再說說那些笨警察別的故事！」對他們而言，這些故事就像來自《納尼亞傳奇》（*Narnia*），而柏林圍牆遭到胡亂塗鴉、如今被用以當作落地式櫥櫃上書架的斷壁殘垣，也很可能是來自龐貝古城。

我甚至要費盡力氣回想——還是想像？——才能重拾當時的經歷。有生以來，我第一次發覺遭到政府制止去做一件你真正想做的事會是怎樣。遭到爸媽、校長、私底下的權威人士所制止，這些我都知道，但遭到政府禁止，我則是毫無概念。沒錯，我是從書上讀過，在東歐目睹過，但這如今卻真實的發生在我自己，還有我所愛的人身上。

邊境、簽證、通行證都成了日常生活的事物，過去從沒有過。就連我們作夢，也都受到邊境守衛的糾纏。根據我的日記，一九八一年三月的某一晚，我夢見我們搭著跨越波蘭邊境的火車，討論著如何脫身。透過偽造我們簽證上的日期戳章嗎？接著有名守衛駕駛著木造貨運馬車——現在波蘭鄉間仍看得到的那種——挨著火車向前奔馳，高聲吶喊，對我們示以警告。同一晚，達努塔則是夢見我們與一群朋友走過森林，前往邊境，後來被東德的邊境守衛逮個正著，於是他們命令眾人分組：**支持**東德的在左，**反對**東德的在右，接著便對兩邊開槍。之後她順利逃脫，並在穿越邊境時，從身穿東德黑衣制服的那人手上的銀色托盤，拿走了一份茄子所做的開胃小點。

最後那荒謬的一節，興許是受到德國劇場大師彼得．查德克（Peter Zadek）正熱烈上演的《法拉達諷刺劇》（*Fallada-Revue*）的影響——我們前幾天才上劇院看過那場劇。而我發現自己在幾小時內就飛回到英格蘭參加《明鏡》的年度酒會，又或者我在另一次回到英格蘭的短短時間內順道走訪了社會民主黨（Social Democratic Party）在倫敦市中心干諾廳（Connaught Room）所舉辦的成立大會，這些也很荒謬。「沒啥生氣的一場活動。」我的日記寫道，還記載了英國資深政治軍事記者暨暢銷作家戴維．歐文（David Owen）悲壯的聲明：「我們國家**真的有麻煩了**。」

賈魯塞斯基將軍（Jaruzelski）於一九八一年十二月十三日在波蘭宣告戒嚴，我跟達努塔雙雙困在英格蘭，只能待在詹姆士位於牛津巴圖瑪斯路（Bartlemas Road）上的新宅。戒嚴的第一晚，達努塔不住的顫抖。她的國家真的有麻煩了。我因身為專業人士遭受挫折而感到震怒，同時也因友人被關入勞改營的同時，自己未能身在當地而十分內疚。我試過帶著救援的團隊入境波蘭，但一如我所害怕的，大使館拒絕核發簽證。「【他】在波蘭已經成了黑名單。」我檔案中的這段內容確認了這點。

那年的耶誕並不快樂。專制獨裁重現，通往波蘭那一端的橋墩鐵門重重關上，加速了達努塔決定與我共度餘生的結局。一個人要在另一個國家重新開始的成本是如此龐大、無從計數。有天晚上，她夢見自己回到克拉科夫老家，屋前有棵樹，她把它砍了下來。

相反的，我則是回到自己的國家，回到一樣的老城市。然而這座城市要是沒變，那麼「我」卻已經變了。基本上到了互許終身的這一刻，我還是覺得自己一直懷抱著英國人那種獨特——就是獨特——屬於自我、堅而不摧、自律自制且自給自足的理想：一如莉姿曾說過，金「有點含蓄」。我就像吉卜林小說中的祕密士兵，因為單獨行動，所以移動最快[6]。我還從同時期的另一本筆記本中發現：「我在閱讀康拉德的小說《勝利》（*Victory*）……其中海斯特說：『我只知道，建立這段關係的他已經迷失。貪腐的病菌侵入他的靈魂。』」直到今日，我仍將之奉為圭臬，只不過，如今我的想法有所不同。「建立這段關係的他也許尚未迷失，」我寫道，「救贖的病菌侵入他的靈魂……」

6 取自吉卜林小說中「He travels the fastest who travels alone」之意涵，原指單獨旅行的人行動最快，之後引伸為某人言行卓越不凡，知音難求。

第十章

即便所有教人印象深刻的線索已經就這麼攤在一九八一年春季的「行動計畫」中——再度發動線人，檢查他的電郵，與HVA協調，向蘇聯情報局問起英國是否仍對金・菲爾比的消息感興趣——到了該年秋季，九之二處的官員對我先前究竟做了些什麼還是一無所悉。然而，就在耶誕節之前，他們終於表現出想要有所突破。

一九八一年十二月二十四日，考爾佛斯中校向反情報處處長克拉奇（Kratsch）中將報告，「如附件所示，」他寫道，「賈頓艾許利用公務留在東德從事非法的訊息蒐集。」

「附件」這幾個無害的字背後又潛藏著什麼？祕密線人的報告？電話監聽的內容？夜深人靜時從我維蘭德街的信箱所奪取的信件？蘇聯情報局的密報？我迫切的翻開下一頁……

……然後發現：我於十一月發表在《明鏡》上有關東德的書摘影本。也就是說，一如數百萬名西德主要新聞雜誌的一般讀者，東德的祕密警察僅僅藉由閱讀我個人發表的文字，來發掘我究竟在他們國家做些什麼。

我讀過印上「赤色普魯士人」（Among the Red Prussians）聳動標題下的書摘，看得出來史塔西為何心煩意亂。我用了極長的篇幅描述東德社會的軍事化、鎮壓性的組織規模，以及線人的總數，還引用了一篇文章的內容，其中指出國家安全部部長曾評述：「若非本國公民的熱烈協助與支持」，該部所達到的成果「將是無法想像的」。「終於有那麼一次，」我評論，「部長所說的是真話。」當初在施威林扮演浮士德博士的那位主角，他替大家倒了一大杯馬丁尼烈酒並為自己倒了一小杯啤酒後，試圖從安德莉亞的前夫口中套出他是否有過逃往西德的念頭，也試圖從我這探出我究竟是不是西歐的記者。我特別舉出這個案例，說明國安部部長所謂熱烈的公民協助為何。「在東德，」我寫道，「梅菲斯托菲勒斯[1]或許仍聽從惡魔的派遣，但浮士德博士如今卻已然為史塔西效命。」

此外，我在「波蘭的抗爭」與「德國的順從」之間做出廣泛且中立的比較。也許有一天，東德人也會踏上革命的腳步，從個人理想幻滅之後的休戚與共，蛻變成波蘭式的全民「團結工聯」，「只不過今日，就在這一九八〇年代初期，他們似乎僅可能做到拆除柏林圍牆而已。」

如今為時已晚，東德當局已經全面展開行動。外交部新聞處斷定在「我希望帶來一種我

『正客觀的比較著東德與波（蘭）人（民）共（和國）不同社會發展』」的印象時，實際上我正在「鼓吹『反革命發展延伸至東德』」。鑑於我在「對抗東德的帝國主義媒體意識形態之戰」中清楚扮演的角色，我應被列入禁止再次入境東德的黑名單。他們也傳喚了一名英國外交官前往外交部，以表達嚴正抗議。

檔案後方附有一份一九八二年一月四日他們與英國大使館一等祕書面談的紀錄；外交部次長也有一份。根據負責英國事務的格蘭德曼（Grundmann）先生所記載，他們告訴艾斯利（Astley）先生我發表的作品「不僅惡意撒謊醜化東德，還刻意煽動各界反對和平、緩和政策、民眾間平靜的合作以及國際間的理解。這已然違反【赫爾辛基】議定書（Helsinki Final Act），對東德內部事務直接造成干預……他們極力強調，希望這些不利於東德與大英【國協】關係發展的活動能夠不再發生」。

回應裡寫道：「艾斯利提到英國記者所謂的個人自由，正因如此，大使館不可能去影響他要寫些什麼。」但阿爾布雷希特（Albrecht）同志加以反擊，說我不但是記者，還一直藉著文化協議的名義待在東德。艾斯利則回覆我們並不喜歡東德所報導有關英國的一切。阿爾布雷希特同志說，報導中所做的比較只是「隨便寫寫」。根據檔案的內容，艾斯利後來對該事件表示遺憾，並且一如傑出的外交官所為，要求【東德】「不應將我個人的所作所為，視同

---

1 Mephistopheles，《浮士德》中的邪靈、惡魔。

於英國政府的行動，更不應妄加論斷這有害雙方關係。」

後來，檔案很快地跳到一九八二年四月二十七日正式的「總結報告」。如今，他們在此修正了原先意識形態下的論斷。我不再一如他們起初所認為的那樣認同「資產自由」，但卻「保守且反動」。

接著，他們針對檔案中所有主要的調查支線予以摘述：我的個人資料、史學研究，我與英國大使館、華納、「米赫拉」和「一般稱作『紅麗姿』的」莉姿・菲爾比的聯繫。「我們斷定，其聯絡人的真實人數，必定遠多於檯面上的聯絡夥伴。」之後就是波蘭還有我與「反革命領導人」的關係；那次的機場搜查與發現；後來我在《明鏡》與「《時代雜誌》、《週日郵報》（*Sunday Telegraph*）與《觀察家》等英國報刊雜誌」所發表的文章。最後，我還出版了一本書，「甚是可憎的惡意毀謗東德的社經發展，並攻擊執政黨、國家領導人還有我們民主共和下的外交與安全政策」，為了達到這個目的，我更運用了「既激進又精確的反共論點」。西柏林的美國占領區廣播電台（Rundfunk im amerikanischen Sektor，RIAS，此電台在東德聽眾眾多）曾經廣播該書的摘錄內容，還對我進行電話專訪。這通電話指出「我很可能已經再次返抵牛津」。

溫特少尉歸納檔案內容，並得出結論，表示我一直以研究柏林納粹為藉口，蒐集資料詆毀東德，在寫到波蘭時，公開聲稱自己「與反革命站在同一陣線」。如今我既已重返英國，「採取進一步作戰模式的可能性已經大為受限。由於賈頓艾許一再試圖干預東德與波蘭人【民】共【和國】的內部事務，在第六總處宣告其不得入境之下，『羅密歐』作戰式個人管制檔案就此封存。」

實際上，接下來的七個月裡，東德對我並未攔阻，原因不明。在華納的檔案中，甘瑟（Günther）少尉從東德的查理檢查哨傳來報告，指出我曾在一九八二年八月二十五日早上九時出現，欲申請單日觀光簽證。當我在檢查哨寫下「在西歐媒體發表負面文章」，須在簽證末尾署名的他，便已從我的過去得知我是何方神聖。「通過護照查驗與海關時，他【提賈艾】很鎮定、含蓄，只和查驗人員說起必要的幾句話，在整個查驗過程中，即便他會說德文，他也總是試著先說英文。這位公民穿著俐落、得體，外表端莊。」他看著我進入車裡，於是寫下登記號碼，然後確認這歸類在華納的檔案中。

在我的個人檔案中，溫特少尉在一張短便條上寫著「第六總處於一九八二年十二月六日對『羅密歐』施以禁令，直至一九八九年十二月三十一日，其皆不得入境東德。」但在那一日到來之前，中間有可能會歷經多大的變化啊！

該短便條上記錄著我只要試圖進入東德，或者我所中轉的路線並未涵蓋在他們與西歐諸國所達成的過境協定內，又或者一如「部長同志所曾下令，在FRG【西德】與西柏林之間進行特定中轉」，我都會遭到禁止入境。

可以肯定的是，一九八三年，我在柏林腓特烈車站的跨境地下道遭到遣返。當我問起官員為什麼，他回答：「說明理由可不是國際慣例。」過了一段時間，同樣是在柏林腓特烈車站，在我要搭乘從西柏林前往波蘭的火車主幹線時，他們要我改乘其他路線的列車。當遇到邊境守衛，他們一樣什麼理由也沒說，卻小心的交還給我早先用以支付過境簽證費的五馬克。

第十一章

如今，我想了解史塔西的官員，因為我和我的朋友若是三角形的第一邊，那麼線人就是第二邊，而那些官員就是第三邊。任職該部是怎麼樣？他們如何進入部裡服務？他們在調查我時心裡是怎麼想的？而現在他們又在做些什麼？

這並不容易。有幾名前任官員曾經和史學家、媒體記者談過。如今顯然已經老邁的埃里希·梅爾克曾在牢裡接受過《明鏡》的專訪。馬庫斯·沃爾夫已經成為電視脫口秀的寵兒。一些比較鮮為人知的人物則組成了「圈內人委員會」（Insider Committee），在迄今仍遠比圈外人更加了解的情況下探索該部的歷史。他們還與先前史塔西的受害人士一同加入工作坊：口傳歷史與集體治療不可思議的混搭。有個團體定期幾年聚會一次，並由東柏林牧師席洛德（Ulrich Schröter）擔任主席。前任官員有很多人失業，但也有一些人找到有趣的新工作。席洛德牧師告訴我，有人現正擔任致悼詞的工作，而且他在從前同僚的告別式上非常搶手。

我很快便了解，那些幾乎已經準備好要聊聊的人主要都來自對外情報局，也就是

HVA。他們的所作所為，例如在國外暗中監視，都比較像是「一般」祕密情報局，以及每個國家在做的，所以他們覺得沒那麼丟臉，甚至是沒啥好丟臉的。如哈特曼（Wolfgang Hartmann），「圈內人委員會」的重要人物，他就提議在離卡爾馬克思步道較遠那端、鄰近我曾與莉姿·菲爾比喝午茶配馬卡龍地點的小星星酒吧（Sternchen）共進午膳。在我抵達時，他告訴我這裡可是諜報人員鍾愛的會面地點。哈特曼攤開四肢，有些醉意，話有點多，他本身經營特務，會以假證件前往西德與他微妙的稱之為「夥伴」的人密會。他說，他最好的「夥伴」是一名伯恩的資深政府官員。「你明白的，六八世代的人……」

他難道不怕進行這些祕密任務的每一步，都伴隨著漫長的牢獄之災嗎？

起初，那是當然，但你很快就會習慣。身為在德國的德國人，這真的很容易，他還謹慎的練就了一口雙親老家曼海姆（Mannheim）地區的口音。

我發現到他很神奇的學會老一輩西德社會民主黨人士那種故作可憐的模樣。那是為了掩護，還是真的？或許連他自己都不得而知。

強健的克勞斯·艾希納是追蹤反情報處的資深人物，該處的反情報工作，說句不好聽的，也就是試著監視他方間諜，而克拉奇將軍第二總處的反情報工作則是保護東德在其境內抵抗外來間諜。不像英文，以上兩者，德文裡就有不同的字：前者是反諜報（Gegenspionage），後者則是反間諜（Spionageabwehr），不過專家說，實際上這兩者經常重疊。

艾希納特別研究過西歐的情報單位。他說，史塔西已經充分滲透西德的對外情報局：「我們知曉他們所知曉我們的一切。」但英國祕密情報局（British Secret Service，SIS，亦即「軍情六處」）非常優秀。他們的工作集中在一些個別的特務，屬於「高品質」的，而且工作起來總是「像個紳士」——他使用了英文中的這個字。他曾有機會比較SIS官員與其東德祕密情報局官員——兩者都在外交身分的掩護下——在遭逢敵人時所寫下的內容。英國人所寫的報告好太多了！細心敏銳、觀察入微、對真實人物很感興趣，不像東德那樣迷失在意識形態下的陳腔濫調中。沒錯，他是不會向我坦白他們如何取得英國報告的。

東德對外情報局最後一任局長維爾納．格羅斯曼（Werner Grossmann）坐在他挑高的小公寓裡，描述了他與他的同事如何在一九八九年底至一九九〇年初瘋狂的銷毀他們的檔案。在該局遭到攻占、大型碎紙機也當機時，他們仍透過個人的小型碎紙機繼續進行著——「就像那邊那個一樣」，他說，然後指向網眼簾的後方。它就盤踞在那，一個小小的噬祕者：有如老兵掛在牆上的來福槍，它會讓你緬懷起往日較為快樂的時光。

接著，就是他的前任：馬庫斯．「米夏」．沃爾夫，這位啟蒙局之父，同時也是該局傳說中歷任許久的首長。沃爾夫身材高䠷、穿著體面、氣度不凡，他就像國王那樣在附近散著步，倨傲的朝街上與他打招呼的人點頭示意。當我們接近仍矗立在原東柏林市中心的馬克思暨恩格斯雕像——但又能放多久呢？——我問起他東、西德祕密情報局的手法有何不同。「我會說，毫無不同。」他毫不猶豫回答道。若真有不同，那也是歐洲東、西德的手法，與拉丁美洲中情局或摩薩德（Mossad，即以色列祕密情報局）等其他中東情報局的手法有所不同。到了一九八〇年代，東、西德的手法已經變得相對「文明」。

諜報人士做了什麼有益的事？

他們協助歐洲維持和平。東、西德都非常清楚，東德是不可能在西德事先毫不知情的情況下就籌備侵略行動，反之亦然。諜報人士尤其降低了核戰的威脅。而且，他堅持這才是真正的威脅。一如英國史學家艾瑞克·霍布斯邦（Eric Hobsbawm）前幾天曾向他主張的，冷戰並不是一場虛構的戰爭。他猶記在柏林及古巴危機時，他徹夜未眠，試圖「從我們的消息來源」蒐集到訊息的片段，哪怕只是一丁點。他真的認為我們就快開戰了。

沃爾夫就是人們所說的那樣——英俊、聰明、儒雅、風趣、睿智又迷人。因此，令人百思不得其解的是，他究竟如何做到率領該部那一群人整整三十五年而屹立不搖？又是另一個類似史畢爾的不解之謎。但馬庫斯·沃爾夫，這位東德的史畢爾，仍在等待著他的基塔·瑟倫利[1]。瑟倫利緩慢又痛苦的引導史畢爾承認，他應為第三帝國的極端恐怖事件，也就是納粹大屠殺，而共同負起全責。沃爾夫則尚未承認他應為人民恐懼東德境內的鎮壓而共同負起全責——沒錯，比起前者，這沒那麼嚇人，但一如他自己所說的，這仍舊「不是好事」。

他聲稱，他在任時培養出一種有別於史塔西其他人的社會風氣，他本人也確認了這點。他也回想起當時東德是「利基社會」（niche society）的描述，他說，HVA就是他的「利基」（niche）。一棟大型的辦公大樓就這麼位在國家安全部的主要建物區塊內——好一個利基！實際上，他的工作內容已與鎮壓人民的本地機關緊密結合。他們所合作的案子不計其數——

就連我自己的檔案都看得出來。當時擔任副部長的他與梅爾克合作密切，日復一日，年復一年。

那些負責監視自家人的人則比較不想多談，但是其中有些已經加入席洛德牧師的討論小組。如科特・瑞斯威斯（Kurt Zeiseweis）就會定期參加聚會。他是柏林第二十處的副處長，負責監視並掌控首都的異議份子、文化生活、教會及大學，其中就包括當時我所在的洪堡大學。這些都是政治祕密警察的典型工作。如今華納邀請瑞斯威斯先生與我們在潘科的牧師住宅碰面。

瑞斯威斯身材矮小，一頭銀髮，擁有藍灰色小眼睛與紅潤的雙頰，他身穿棕色慢跑鞋，灰色長褲與寬鬆的運動上衣，上面還很不搭嘎的寫著「下一代」三個字。他生於一九三七年，幼年時父親外出從軍，母親貧窮，卻努力工作，致力扶養他長大成人，她同時也是一名共黨人士。新政府執政後，他被送往黨內的寄宿學校。他母親後來擔任當地的黨務祕書，遂建議他在國家安全部找份工作，於是他依言照做，在柏林辦公室一做就是整整三十年，而且大多待在第二十處。

---

1 Gitta Sereny，奧地利女性傳記作家、調查記者與歷史學家，曾因採訪調查納粹大屠殺及社會案件之爭議人士而聞名。其於一九九五年所出版的《艾伯特・史畢爾：與真理之戰》（*Albert Speer: His Battle with Truth*）一書獲獎無數。

矮小的瑞斯威斯散發出一種官僚主義下公正清廉又妄自尊大的氣質。他說，他在高層下令、於洪堡大學舉辦所謂的「紅週」（Red Week）演講時，學生都說他比外交次長還厲害。除此之外，今天他還想要強調自己儀表堂堂、品行高潔，對家人盡心盡力，對太太更是忠貞不二，夫妻倆鶼鰈情深，在全都住著史塔西員工的住宅中好好養大了自己的孩子。他們全家也從來不看西方電視，除了有次觀看美國人登陸月球之外。

沒錯，他承認，部裡也有不好的事，如梅爾克非常熱中的史塔西足球隊「柏林戴拿模」（Dynamo Berlin），以及居中的貪汙賄賂，但他和這毫無關係。「我，」他很嚴肅的說，「可是反對足球的。」還有，當他處裡有人提及安排一場車禍之類，好把身為牧師的異議份子艾波曼（Rainer Eppelmann）「給做掉」，他也和這毫無關係。更有一次，他們討論用美人計，好讓當今領頭的異議份子羅伯特．哈福曼（Robert Havemann）染上性病，他也同樣不贊成。

他可是正當人士，絕不會幹出這些事。不過有一次——就那麼一次——他做了件錯事。在有次非法入侵他人公寓期間，他們發現有一套很棒的收藏品，他稱為「小模型車」。（後來華納告訴我，每個東德人都管那些叫「火柴盒車」，只是瑞斯威斯內心的審查機制仍不准他使用西歐的字眼。）搜索隊中的其他人都在公寓上下竊取財物，於是他也就忍不住了。沒錯，他真的這麼做，就這麼把幾輛「小模型車」放進口袋。後來此事曝光，他也不得不承認。「當時，我真的覺得很丟臉。」

他離開後，華納和我面面相覷，搖了搖頭，默默的笑了起來，不然我們就要哭了。在這，在我們面前那張椅子上的，正是官僚主義下，下級官員為非作歹的最佳寫照。一個照顧家庭的好男人，他以正直、忠貞、勤奮、合宜等那些所有作為與納粹主義合作關鍵（同時也是普魯士協會如今亟盼復興）的「次要美德」為傲，時至今日，卻仍無法承認他一心效忠、卻又載滿他對竊取幾輛火柴盒車無盡悔恨的那個組織所曾犯下的錯。

那麼，我案例中第二總處的官員又是怎樣的呢？我經由專家得知，該處在一九七〇年代至一九八〇年代蓬勃發展，從約莫兩百人的小型反情報團隊，發展到該部規模最大也最為重要的處室之一。到了一九八九年，該處光在總部就擁有超過一千四百名的全職員工，而且該處自一九七六年以來的處長，也就是曾出現在我檔案最後的克拉奇將軍，還成了梅爾克的得力助手之一。在職場和辦公室政治方面，他可說是非常在行，卻也相當冷酷無情。一九八七年，他全面掌握了部裡「反情報」的職責。同時，他所屬之處也加以擴張，試圖囊括當今與西歐關係緩和下所帶來的諸多挑戰。他們所監視的不僅是西歐間諜，還有一般西歐外交官、記者、學者、藝術家等任何潛在可能顛覆共產體制的西歐人士。

很不幸的，第二總處的前官員尤其不願多談。「反情報單位的那些傢伙都非常守口如瓶」，哈特曼先生語帶歉意的解釋著。「圈內人委員會」可以幫上我一點忙，所以我得單獨進行。一開始，我只有那些承辦我案子的人的姓氏、職級還有部門：專員溫特少尉、組長里塞少校、處長考爾佛斯與費利茲（Fritz）上校，還有他們的上司克拉奇將軍。接著，就是向來很有幫助的高克機構替我找到他們的職員證，證件上至少有名字、生日還有護照大小的舊照片。之後，我再取得包含他們家庭背景、召募經過、職業生涯與懲戒處分等更多細節的職員檔案。慢慢的，我就像一名偵探，拼湊起他們腦海中所會有的念頭，然後開始找尋他們的蹤跡。

我發現自己是先從高層開始。席洛德牧師透過一通電話，便取得克拉奇將軍的地址，但據說克拉奇不願多談，而且他的地址剛好落在柏林郊區、即我女友安德莉亞在一九八〇年所住的那個舒適卻已衰敗的村落。他沒有電話，又或者說，沒有找到他的電話號碼，於是我決定去拜會將軍，同時也去一趟安德莉亞的老家，看看她是否還在那裡。

我搭上老舊的地面近郊快鐵「S-Bahn」（Stadtschnellbahn），踏上漫長的旅途。碎石子街，然後髒兮兮的道路引領我走向一處擁有偌大庭院的平房，外側還圍起了生鏽的金屬護欄。我按下門鈴。克拉奇夫人步履蹣跚的走向大門，當我說要找克拉奇先生，她不太情願的讓我進門。

克拉奇將軍（已退休）穿著園藝工作的短褲站著，手拿草鈀。這名男子身形矮胖，啤酒肚很大，長長的雙下巴胡亂長著短鬍鬚，豬仔般的雙眼更散發出戒慎的目光。

我解釋自己是牛津的史學家，說他處裡有一份我的ＯＰＫ檔案，然後我想跟他談一談事件的背景：檔案本身、他的工作、冷戰的一切。

他遲疑半晌，然後同意兩天後碰面。

我離開時，問起安德莉亞從前所住的那條街該怎麼走。哦，他驚呼，那有好一段路耶，我載你一程吧。

現在是我猶豫了，但他說：「欸，冷戰已經結束了，所以我能載你一程！」於是他真用他的小福斯讓我搭了便車。

安德莉亞已經搬家，但我在一所搖搖欲墜的閣樓公寓找到她，那所公寓的庭院還可直接通達一處美麗的湖泊。她仍是我記憶中的模樣，沒什麼變化，金髮，笑容可掬，只不過她在這圍牆後的私密世界小心的把孩子扶養長大，他們如今也都已近成年。實際上，她認為相較於西德，在東德當個單親媽媽還比較容易。她也覺得對其兒女來說，一九八九年的政治轉型來得正是時候。他們過去擁有安全且備受呵護的童年，如今則是擁有自由。

我們小心但快樂的回憶著我倆遠距離愛戀的友誼（amitié amoureuse）。「你還記不記得……？」我告訴她有關檔案，還有我第一次坐在高克機構舒茲女士辦公室的塑膠小木桌旁時，心中所湧現有關在普倫茨勞貝格區的那一晚，她是怎麼拉開窗簾、把燈打開時的強烈懷疑。

她有些震驚。我不是懷疑她為史塔西工作吧？不過，沒錯，她當然記得那晚。實際上，她不認為自己真的拉開窗簾，而是真的把燈打開。

為什麼？

「因為我想看你的臉。」

兩天後，為了與克拉奇將軍面談，我一早便再次搭乘「S-Bahn」外出。他穿著發亮的人造材質運動服，在門口迎接我，接著我倆穿過彩色珠簾，進入滿是木質裝飾小物與蕾絲桌墊布的平房，某個書架上還擺著精選的烹飪書籍。

一開始，他想先說自己的故事，我沒意見。大戰結束時，他才十五歲（和「米赫拉」同年），父親成了戰犯，不在他的身邊。他只受過基本教育，之後成了一家五金行的店員，卻一直渴望冒險。透過非法走私進入東德大並在店裡輪流傳閱的西德雜誌《五金行》（*The Ironmonger*）上，他記得看過一則南非的徵才廣告，便隨意興起回覆那則廣告的念頭。他告訴我此事的方式，讓我覺得他要說的其實是：當初我要是申請就好了！後來他想加入海軍，但他們——「他們」就是黨政當局——卻轉而讓他進入國家安全部。

他在波茨坦受訓，在那學習有關優秀的英國祕密情報局、其無與倫比的技能、悠久的傳統、作為帝國主義發展一部分的特質，列寧曾說過，帝國主義乃是「資本主義的最高階段」。之後，他任職於反情報單位，從事他們所謂的「英國線」。他，一名二十二歲，圖林根五金行的前任店員，就要這麼去擊退傳說中的英國祕密情報局！後來，他轉往「美國線」，然後負責西德處。他又開始心生懷疑。矮小的他就在這單位先與退役將領格倫將軍（General Gehlen），亦即希特勒的東歐軍事情報局局長較量，接著是美國人，然後是前西德總理艾德諾（Adenauer）。

然而，他以雙重間諜的手段成功對抗了格倫的事蹟，特別廣為眾人所知。每當敵方特務被抓，他都喜歡在隔壁房間聆聽審訊。他想了解他們為何這麼做。

那他們為何這麼做呢？

一部分是為了錢，一部分是對冒險的渴望，然後才是他所說的「意識形態」。「他們會說，他們是為了自由才這麼做。」

後來他們怎麼樣了？

喔，當然都被判了刑，坐了很久的牢。

又或者被判了死刑？

沒錯，早期特別是這樣。但人們都清楚自己冒著怎樣的風險。

一九七六年，他成了整個總處的處長，這正是與該部密切合作的大好機會，一個激勵人心的時點——即便他曾從史提勒（Stiller）手中遭受過重大的挫敗。史提勒是一名史塔西官員，主事監視西歐，之後卻也逃往西歐。但在一九八〇年代，克拉奇開始慢慢覺得事情越來越不對勁。他時常溜出部裡，到莫斯科餐廳去享用一頓美味的午餐。因為東柏林的餐廳向來很少、顧客須與他人共桌，所以有時他會發現自己就坐在美國觀光客旁邊。他喜歡加入他們的談話，而他們並不知道……

他若偶爾類似這樣暫時離開辦公室，部裡就會來電，問他人在哪裡。有一次，肯定是在一九八〇年代中期，他告訴梅爾克，他去參加由資深黨內官員審視當今政治發展，協助他們了解黨政立場而舉辦的定期講座之一。

「那他是否已經告訴你，」埃里希・梅爾克吼道，「東德已經破產了？」

「不，」克拉奇答道，「他沒說這個。」

「好，那我現在就是告訴你這個！」

所以，在一九八〇年代中期，當東德正被許多西歐分析家、政治家和商界人士當作蘇聯集團內最穩定也最繁榮的國家時，其祕密警察的首長便已經告知他反情報處的處長，國家已經破產。他們自己才清楚。

當他說「破產」，梅爾克特別指的是不是硬通貨負債那些告急的數字？是，但不僅止於此。這也涉及政治。他們看到何內克的錯覺，也看到「對西歐開放」與「試圖保存共產體制」之間的衝突。正當人們前往西歐的大使館避難，或《明鏡》已經透露出一些新端倪時，是他，克拉奇，接獲了梅爾克怒氣沖沖的電話。接著他會告訴部長：當我們為了改善與西歐的關係、媒體記者的工作條件、自由運動、尊重人權等而簽署了所有這些國際性的協議，你又怎能指望我要預防國家破產呢？我認為，這充分證實了國際間的緩和政策也有破壞性的一面。

最後那幾年，他對工作感到疲乏，心想到了一九九〇年十月，他就年滿六十歲、準備退休了。只不過到了一九九〇年十月三日，東西德統一，國家便再也不需要他這類的工作了。

克拉奇說完了自己的故事，我問起他們為何把我寫成一名間諜。

喔，非常簡單，克拉奇說。如他所言，從他們一進特務培訓學校，老師就教導他們要對傳說中的英國祕密情報局又敬又怕，但是在那之後，約莫從一九六〇年代中起，他們就再也不曾發現任何英國間諜。九之二處的職員都很絕望。沒錯，他們都很清楚英國大使館中的那些人是祕密情報局的事務官，持續對他們進行嚴密監視，並拍下他們與異議份子碰面時的所有照片。但是，他們的特務到底在哪呢？

所以，每當看起來有點可疑的英國人來了，他們就會立即展開調查，看看他究竟是不是間諜。他們活在希望中，卻又經常失望。

這是不是因為英國祕密情報局實在太過聰明，以致史塔西從未發現到他們的特務，又或者他們壓根兒就沒有特務？

我寧願是後者，克拉奇這麼認為。

我告訴克拉奇，他說話的方式，幾乎可以讓人忘卻史塔西是個讓一般民眾深深懼怕的機構。難道他自己就一點都不怕？

「怕？」他驚呼，高舉雙手，隨著他義憤填膺，大肚腩也跟著甩動。當然不怕！一點都不。人們才不害怕，他們還很感謝我們維護國家安全呢！「他們對我們從頭到尾只有感謝。」接著他還告訴我：在該部週年紀念日當天，最先前來恭賀的，就是德國基督教民主聯盟（Christlich Demokratische Union Deutschlands，CDU，簡稱「基民盟」）的代表們。該黨即是過去受到他黨控制、如今已經併入柯爾所率領的德國基督教民主聯盟的基督教民主黨。但是如今，最先把一切都怪在史塔西頭上的，也是基民黨人士。實際上，史塔西向來都是隨附在執政黨之下。梅爾克對此相當謹慎，事事皆向何內克請示，所有重大決定，也都須經黨主席批准。

我問起他個人是否曾對什麼感到內疚。「沒有，」他說，「我做我該做的事。」這樣的辯護內容好熟悉：我只是做我該做的事、善盡職責、奉命行事。不，他不曾對任何事感到內疚，除了一件，那就是並未對於一九八〇年代事態的發展，以及何內克的傲慢與缺乏改革表示不滿。

「不過，倘若人人都相信報紙上所寫的，那麼在哪都是一樣，在你的國家也一樣。總會有人批評皇室，但卻沒人敢採取行動！」

我從傑哈德．考爾佛斯（Gerhard Kaulfuss）的職員檔案中獲知，他於一九三三年三月二十三日生在蘇德台地區（Sudetenland）。他的父親在他六歲時外出從軍，在一九四七年，也就是傑哈德十四歲時，才從蘇聯的戰俘營歸來。在成長的那七年中，他沒有父親陪在身邊，念的是戰時蘇德台地區遭到德軍占領的學校：納粹學校，後來他在納粹戰敗後飛往蘇聯在原納粹德國領土上所成立的蘇聯占領區。起初，他想成為一名店員，後來經由德國自由青年團進入國家安全部，在短時間內，一路做到上校與九之二處處長。

現在則是他家庭生活的速寫。一九七一年，他八歲的女兒收到從西德寄來的包裹，裡頭有兩條巧克力、糖果、起士、糖、茶、兒童牙刷和肥皂。宛若是前往非洲比亞弗拉的應急口糧！警報響起。紀律調查也正式啟動。怎麼會這樣？當他們在保加利亞度假時，他女兒曾跟一名西德小女孩結成好友。「即便考爾佛斯少校同志藉由更改海水浴場的地點，企圖阻止此次接觸，但孩子們還是有了進一步的接觸，其中考爾佛斯少校同志的女兒給了那名西德小女孩他們家的住址。」結論：此次接觸可能遭西歐情報局利用。要是另一個包裹又寄了過來，那麼就得送進處裡檢查，再送回家中。

他檔案裡有著赤軍總部過去位在卡爾斯霍斯特（Karlshorst）的舊址。我在一條骯髒破舊的街道上發現了一棟兩層樓高、半獨立又漆上暗紅褐色的房子。又是金屬護欄和透過警報系統上了鎖的大門——還有房屋所有人的名字：考爾佛斯。我按了門鈴。一樓某處窗戶的網眼簾被掀開，一張臉短暫露出。和檔案中的照片一樣嗎？他打開前門，但在距我二十英尺外的台階頂端等著。沒錯，就是他。

「考爾佛斯先生嗎？」我抬高音量的說。

「我是。」

「我叫提摩西．賈頓艾許，是牛津的當代歷史學家。我想跟你談談有關MfS的歷史。」

我用了該部的官方縮寫，而不是隱含貶義的史塔西。

他慢慢走向大門，卻沒開門。一如克拉奇，他穿著某種人造材質的運動服，這回是黑色和紫色的。一如照片上那樣，他嘴角下彎，一臉苦相，雙目充血。是喝了酒嗎？

他有空聊一聊嗎？

「沒空。」過去曾有「圈內人委員會」來找過他，被他拒絕。各式各樣的人都來看過他：西德的國安部門、西德的對外祕密情報局，甚至還有被他叫錯的「FBIA」，他都一概婉拒。總之，全部都寫在文件裡了。

對，我說，但文件不會告訴我們一切。與歷史見證人對話，對於了解那些涉案人員的背景與動機來說，可說是彌足珍貴。（完全正確，同時我也是想讓他一直說話，不打斷他，好迂迴緩慢的揭出舊瘡疤。）況且，（如今有點冒險）我也有出於個人的考量：一九八〇年代初期，我作為一名研究生來到這裡，而你的部門居然替我建了OPK檔案。

我們又爭論了一會兒。

「**哎呀**，」他說，「進來吧，咱們聊個十五分鐘。」大門「嗶」一聲打開了。

他帶我走到庭院中的搖椅。我嗅到酒精、菸味、無聊與空寂。他毫無悔意。這個國家正受到西歐特務、恐怖份子、密探奸細、反動人士的威脅。國家安全部名副其實，保護著國民的安全，在如今盡是犯罪、失業、毒品等不安全的情況下，他們回想起該部，反而心存渴望。沒錯，是有少數人因其政治立場而受害，但那很正常，西德也發生過一模一樣的事。那詞語叫什麼來著？我提示說：職業禁止（Berufsverbot）嗎？對！就是職業禁止！**根本**就一模一樣啊！

但我想你們的體制應該比較好？

「呃（Na ja）……」他苦笑著。總之，多數人確實很感謝這樣的治安，而且不在乎放棄一點個人自由來交換。

將近末尾時，他是否感到理想幻滅？不，他內心默默覺得很有成就感，畢竟，這個國家有所作為：東德歷史上的每一年，國內生產毛額都呈現實際成長，西德則恰恰相反，年年萎縮。我對此有些懷疑。他則解釋**勞工比例**降低，西德卻依然越來越富有，不是嗎？沒錯，但多數人買不起東西。

他是否真的去過西歐？

呃，當然，但不是在統一前。現在他可是去過北海海岸和西柏林，只不過印象並沒特別深刻。有一次他孫女向他要起咕咕鐘，於是他跨境前往西柏林的卡迪威大型百貨公司（Kaufhaus des Westens）購買，但**心生厭惡**，因為在那盡是些一般人根本買不起的東西，**況且**他們沒賣咕咕鐘。

沒錯，他窮極一生都在對抗西柏林，在那之後，他並不喜歡去那。但有一次，就在統一後不久，他抗拒不了誘惑，跨境參加了一場小型的私人旅遊，參觀那些他只在照片上看過的西方祕密情報單位總部，如中情局位於達勒姆的「目標」等。那些看起來都跟照片裡十分相像。

他鬆了口氣，所以似乎是我詢問我檔案的好時機。但他又變得三緘其口。

不，他警告我，他不會談論他的工作。

不，他不記得溫特少尉。

不，他不記得我的案子。

有那麼多「作戰式個人管制檔案」嗎？

呃，沒有，總之在他處裡沒有。這是……

十五分鐘變成了五十分鐘。但現在他太太致電，表示要來坐坐庭院裡的搖椅。她身體不太好，你知道的。

當我們走回生鏽的大門，我問起他的部門是否抓過很多間諜？

喔，很多啊，他們當然都坐了很久的牢。可他不想談論這個，他想讓我了解的是，事情不能這樣繼續下去：犯罪、失業、不平等。人民都很憤怒。

我離開了，他在從大門走回去時，他提高音量，說道：「我告訴你，事情不能這樣繼續下去，若是有人登高一呼、要大夥走上街頭，那麼我們就會在那。」英勇卻可悲的反抗。

然後，就是庭院搖椅「咯吱咯吱」的聲音。

現在是費利茲上校，也就是繼考爾佛斯之後擔任九之二處處長，並在一九八二年批簽我檔案的那個人。不像他的前任，阿爾弗雷德．費利茲（Alfred Fritz）仍然是大忙人。在他也位在卡爾斯霍斯特那間整齊、灰色的半獨立房子大門前，他太太告訴我，他一早就外出了，很晚才會回來：「你知道保險業就是這樣的。」

我留下我的名片，她建議我晚間十時再致電，之後我打了電話，再次解釋我是一名研究史塔西檔案的史學家，他說：「我在任時，我們單位跟你有什麼關係嗎？」於是我告訴他有關檔案的事。在一陣慌亂之後，他終於同意——「若你認為管用的話」——在早上七時三十分碰面。

根據他的服務紀錄，上校現在已經六十五歲。我原先所預想的，是另一個有如考爾佛斯、克拉奇之類白髮蒼蒼、大腹便便又行動緩慢的人物，但迎接我的，卻是一個帶著逢迎的笑容、看起來朝氣蓬勃的五十多歲人士。他頂著一頭蓬鬆的頭髮，以吹風機吹乾定型，身穿黑色牛仔褲和印有粉紅、灰色三角圖案而略顯庸俗的襯衫，同時還搭配雄鮭魚式色彩鮮豔的寬式領帶，並以大型的領帶別針固定，就連襯衫的衣袖也整齊的捲至前臂。在他最新的——啥？偽裝，制服，還是身分？——下，他看起來完全就像個西德的保險業務員。

我感謝他在百忙之中撥冗與我碰面。對，那就是問題所在，他從沒遭到別人這樣的緊迫追趕。

比在部裡還糟嗎？

「不，你知道那工作是怎樣的，晚上還要跟特務開會之類的……」然後他若有所求的盯著我看。

「你知道是怎樣的……」他是什麼意思？

他從桌上拿起我的名片，帶著微笑仔細端詳，說道：「各式各樣的身分掩護都有，不是嗎？例如『當代史學家』。無論是史學家，還是英國祕密情報局，對我來說全都一樣。這裡已經有幾名史學家了。我個人是沒啥顧忌。」

我向他擔保，我真的是一名當代史學家。他似乎有點失望。或許他原先期待能跟以往的練習夥伴交流經驗，又或者他只是不相信我。儘管如此，他還是準備好跟我談談。

那你父親呢？

一開始是戰爭。一如考爾佛斯和克拉奇，戰爭塑造了他的成長歷程。其兄長死於前線。

「我從不知道我父親是誰。我是大家口中的私生子。」他持續微笑，但我聽得出他聲音裡的緊張，也感受得到那往日的傷痛。

一九五〇年代初，他任職於施威林地方政府的財政部門，也是黨員候選人。當有部裡的人來找他，他覺得保護東德抵抗**一同**滲透東德的外國間諜是種「榮耀」。

「你一定記得當時是怎樣的。那是個『垃圾桶小孩』（wastebin kids）的時代。中情局會付幾便士，要西柏林的年輕人前來卡爾斯霍斯特這裡蒐找赤軍總部外的垃圾桶。」多數人遭到逮捕。

這些年很刺激。他覺得自己正在從事一份很重要的工作。在一九五〇年代，他們仍擁有民眾的支持，甚至還會去工廠解說他們在做些什麼，受到人們鼓掌歡迎。（甚至到了今天，難道他從來就沒想過，人們也可能是出於恐懼才鼓掌歡迎的嗎？）

一九七〇年代，局勢惡化，部裡少了理想主義，卻多了對事業單純的野心。

年輕的溫特少尉也是這樣嗎？

他不知道。溫特向來沉默寡言。

那里塞少校呢？

「我想里塞是很誠實的，像我一樣。」

接著是一種國外似乎越來越不對勁的感覺。私底下，他和同事找出兩大問題，一是車子問題，二是旅行問題。車子問題很單純，那就是沒有好車可開，人們只能開著發出「噗噗——」聲的小拖本或瓦特伯格，而且就算這樣，也還得等上十年。旅行問題就是多數人不得四處旅行，除了前往少數蘇聯集團的國家。

那他們討論過自由問題嗎？

「不！」他沉思半晌，「即便旅行問題多少與這相關。」

而且，他們發現部裡號召他們去做越來越多不同的工作。我向他引述HVA艾希納上校曾對我說過的話：「我們有過國家，然後有過試圖讓國家運作的黨，之後更有過試圖讓黨、讓國家運作的國家安全部。但即便如此，還是一點兒都不管用啊！」

「大概就是這樣了。」費利茲說。

他處裡的人甚至還得去足球比賽站崗，非常可笑。他們真正的工作是找尋西方間諜，即便如今他們已全將火力集中在所謂的「合法職位的諜報活動」：外交官、公認的記者、訪問的學者等等。他處裡的工作涵蓋了所有西歐國家，每年約莫處理三十份的「作戰式個人管制檔案」。

他們真抓到間諜嗎？

是抓到一些。西方人士常在遭到拘留一、兩個月後驅逐出境。嚴重的話，可能會開庭定罪，但後來可能也只是驅逐出境而已。不過，他們若是東德人，那可就會吃上很長的牢飯了。

在他那時，他們對於主要關切的法國或英國，進行得並不順利，他們差點說服一名外交官投靠他們：一名透過「B措施」而發現其有婚外情的女性。（「B措施」指的是安裝竊聽器，相對「A措施」則是指監聽電話。）

當然，他們試圖利用這個消息籠絡她成為新成員。你知道的，她已婚。

「你的意思是，你們試圖寄黑函給她？」

「對，每個情報單位都會這麼做。」但這次並不管用。她婚外情的對象是個英國人，之後就回到英格蘭了。他略帶輕蔑的笑著，問起：「那人該不會是你吧？」

「不。」（不管怎樣，這也不關你的事啊。）我從他臉上扭曲的笑容，感覺到他是多麼懷念他工作的這一面：偷窺、私密的細節，還有他們當時對女性生活所玩起的遊戲。我想，他今天鐵定對報紙、電視上的私生活窺探報導感到相當滿意。這就是井井有條、西歐式的偷窺，想必在某種更加崇高的目標下也顯得正當合理吧。過去是「國家安全」，現在則是「公眾利益」。

他回到他最鍾愛的主題，也就是他們多麼努力工作。他早上七時十五分就到辦公室，最遲七時三十分得到班，接著須在七時四十五分向克拉奇將軍報告，之後才是閱讀檔案、和同事討論近期的案子：行動計畫、協調、觀察報告、總結報告、找來更多新線人、確認舊線人無虞。處長以上的高層都會在該部建物區塊中心一處地勢較高的特別餐廳用午餐，人們都管它叫「君王丘」。辦公室的工作會持續到下午，到了傍晚，他們通常會與線人在「策謀公寓」密會。一天至少工作十二小時，週末也時常如此。

他會不會私下跟同事聚餐？

耶誕節或新年，他們會舉行辦公室派對，而且是「在目標地點裡，你知道的」，例如，他們就曾在萬德利茨辦過一次派對。「那裡餐點精美、種類繁多，還能跳舞，氣氛很棒。」否則，他們根本無暇私下聚會。

如今，由於無法只靠退休官員所領的退休金過活，所以他才需要工作這麼長的時間。他所領的不是實際薪水的全額，而是根據東德平均薪資所得出的國家退休金的七成。他說，真是太不公平了，這違反了法律之前人人平等的基本原則。而他此時正在打掃房間的太太也大聲怒喊：「沒道理嘛！」還重重摔上了門，導致門把掉落。（我從他的職員檔案得知，他太太和三個女兒全都為史塔西工作。）

對——他繼續——社會安全，曾是東德真正傑出的事物之一，不像現在盡是些治安不佳啦犯罪啦失業啦等等的。要是你根本沒錢享受，那麼自由又有何用？如今，他在他客戶間看見這所有的難題。正因國家已經無法再帶給他們安全感，他們便轉而渴求他所推銷的個人保險政策，卻又通常付不起保費。

從「國家安全的世界」到「個人保險的世界」，阿爾弗雷德．費利茲為這樣巨大的轉變提供了一個活生生的例子。昨天是穿著灰色制服的官員，今天則是穿著黑色牛仔褲的業務員；但在他的內心，一樣還是過去的那個費利茲。

里塞少校已經搬到德勒斯登。我從當地的戶政事務所取得他的地址。不管在德國何處，你只要問，幾乎就能找到每個人的地址。

他不在家。我在等待時四處看看能做些什麼，於是在不遠處看到一處類似寺院的建築，上面刻著大大的「德國衛生博物館」。館中除了「藥丸與愛滋」的特別演出，還有以「消化」為主題的常設展，展內有著大型發光的塑膠內臟從你頭上逼近：胃、膽管、結腸上半部、結腸下半部、直腸，而且每個部位都有不同顏色。我向櫃檯後方一頭白髮的女士探詢「玻璃乳牛」，也就是一個顯示出所有骨頭、內臟、大腦和神經，同時和實體大小相符的透明模型該往哪走。她說：「走過『愛滋』進到『消化』，乳牛就在你的右手邊。」

最著名的展覽不是玻璃乳牛，而是玻璃人：一個站立的女人舉起手臂放在標示出「肺」、「心臟」、「腎臟」等不同部位名稱按鈕的桌子上。你只要按下按鈕，那部位就會發光。隨行解說人員告訴我這可是一個全新的玻璃人，舊的那個已經越來越破舊，所以在統一之後，他們就製造了一個全新的人。「她看起來很棒吧？不過內部完全沒變。」

當我在傍晚致電，找到克勞斯．里塞（Klaus Risse），他表示願意談談，而且很有興趣聽聽他人較為「客觀的」描述起部裡的工作。他操著一口濃厚的撒克遜口音，而且似乎一如撒克遜人那樣十分健談。

「我們現在可以碰面嗎？」我問，雖然已經很晚，「我希望今晚可以回到柏林。」不，不可能，他在等他太太。但明天我們可以共進早餐。八時，在飯店大廳好嗎？我同意。當我在那住宿一晚，我思忖著他究竟會不會來，難道他太太不會試圖勸阻他嗎？

同時，我開始研究他職員證和檔案的影本。一九三八年在德勒斯登附近出生，父親在一九四四年戰死前線——又是個失去父親的人。一份該部的內部問卷問起他是否到過東德境外。他回答：「一九五四年，曾和朋友去西柏林逛逛那裡的商家一個半小時。」一九七五年，他從德勒斯登搬到柏林的九之二處。一九七八年至一九八三年，他當上負責英國的A組組長，嗜好是釣魚。

他在職員證上的照片其貌不揚，但隔天早上在大廳裡等著我的那個人面容和藹可親，雙目清澈。他很整齊的穿著白色襯衫、打上領帶，配上褐色夾克和便於穿脫的休閒鞋。他一開始所說的話，像極了他以前的同事：「我想讓世界變得更美好。」但他很快便不再走起這條老路、說起這些陳腔濫調，他說，體制出了問題，正因為人性，人們無法轉型，轉變成他們所不是的那種模樣，所以體制注定會出問題。共產主義無法允許他口中「內心的貪婪」。只有當人人都是天使的時候，共產主義才有可能行得通。他的判斷簡單卻不膚淺：那正是共產主義基本的缺陷。

當然，他在一九四五年並不清楚這點，當時他們宛若一張白紙，開始接受組織重塑。他父親在戰時服役身亡，他其中一名兄弟，在戰爭進入尾聲時，慘遭正將反坦克的防禦工事拖過村落的拖拉機當場輾過，而他當時正忙於農作的母親，就這麼眼睜睜的看著自己兒子的頭遭到輪胎輾爆。他們家遭到轟炸，財產盡數被毀。從四月至十月，他都是打著赤腳：「我們是窮人裡最窮的。」但他母親讓他們得以存活。先是他母親，接著是國家。他在小學時表現優異，國家就給了他最高額的獎學金，讓他繼續念寄宿學校。雖是國家協助，但卻是他母親勉強湊合、省吃儉用，幫他買了衣服和書本，才讓他度過難關。想到這裡，他心下一慟，聲音哽咽。

到了十八歲，他得抉擇。他熱愛大自然，想在大學研讀漁業，釣魚也已成了他最熱中的事，但他們——「他們」——則對他另有計畫。他們說：為已經對你付出這麼多的國家做點什麼吧。因此，他入部服務，先是任職於當地城鎮皮爾納（Pirna），接著是德勒斯登，然後是柏林，但一直都在反情報的「第二線」。

如今回顧過往，他發現自己心目中政治理想逐漸幻滅的過程。一名身在集體農場的好友就曾告訴他，在那裡，就在真實的世界裡，其實都是如何。他對於媒體荒謬的報導著「五年計畫」的生產目標一直都遠遠超前感到憤怒。他看出理論與實際間的矛盾，以及統治者「私下飲用紅酒、公開鼓吹喝水」——他引用了亨利希·海涅[2]的話——的偽善。還有他工作上所發生的事。他停頓半晌，搖了搖頭：「例如，有件事我從沒告訴過別人……」

當他還在德勒斯登，有次訓練課程，老師朗誦了一封一個女人寫給她先生的信——又或者只是她男友，他不大確定。信的內容很美，充滿智慧，極有深度，道盡了她內心的溫情與愛戀。他的聲音再次因情緒而哽咽。「我永遠都忘不了。」

但這封信為何會被史塔西官員拿來朗誦呢？

「喔，因為那個男人是線人，也就是ＩＭ。」那女人顯然有所懷疑，但史塔西負責本案的官員已經和那男人想出法子，而他得要努力維持她所對他的信任。

「那就是你該做的。」這是老師的重點，但在克勞斯．里塞心中，他卻是接收到完全不同的重點。

他善盡職責，疑問卻也持續滋長——又或者如今他在後見之明的驅使下，才得以看清。同樣過了很久，那些可笑的禁令依舊存在。你得取得部裡的同意才能結婚。倘若你岳父，甚至是太太的叔舅，曾擔任過納粹親衛隊，那麼你就得在她與工作之間做出抉擇。你還得經過批准，才能購屋、旅行。為什麼，你就連想要留鬍子也不行！我想起了克拉奇將軍，職員證照片上的他，鬍子刮得乾乾淨淨，如今卻是滿臉鬍鬚。

他說，他想離開，「但我沒有勇氣。」他毫無其他專業，且害怕後果。然而，一九八九年，他因所謂的「特務職員」申請重回德勒斯登，那樣的「任務」，也就是史塔西會在一般的平民工作中安插自己的職員，而且人數正在成長。要不是因為「轉變」——就像多數的東德人，他用了 die Wende（轉變）來描述東德的殞落——今天他會是任職於這家飯店的「特務職員」。

---

2 Christian Johann Heinrich Heine，（1797-1856），十九世紀德國詩人與新聞工作者，為浪漫主義代表人物。

後來，他反而在德勒斯登的國家銀行擔任保全工作一年，然後在西德意志銀行接管該銀行後遭到解雇，現在則是向餐廳兜售通風系統。「西德公司開始找起我們，」他說，「他們清楚我們能幹，工作認真。」但那是個冷酷的新世界，在那，金錢決定一切，人們都是「踩著屍體往上爬」。在東德這裡，輸家很多。「已經有很多人從我這棟公寓跳樓身亡。」西德體制也不是這問題的答案，但他就是不知答案究竟為何。

同時，當他的名字出現在媒體所公布的史塔西職員名單中，他太太差點就丟了工作。在媒體披露了有關史塔西轟動社會的真相後，諸如人們在刑求室裡，被逼著站直身子，然後頸部以下全都泡在水裡之類的報導，就連原本的好友都開始懷疑他。他承認，是有些壞事，但那是在第二十處，而非他那一處。

所以，每個和我談過話的人，都會把過錯推到他人身上。那些替國家工作的人會說「不是我們，是黨」；那些替黨工作的人則會說「不是我們，是史塔西」；一來到史塔西，那些替對外情報單位工作的人又會說「不是我們，是別人」；後來和那些人談談時，他們又會說「不是我們處，是第二十處」；就連和第二十處的瑞斯威斯先生聊聊時，他又會說「但不是我」。

共產份子在中歐掌權時，他們曾談到利用「薩拉米戰術」[3]就如同切一片片義式臘腸，逐步截斷民主的反對勢力。如今，在共產主義之後，我們則是用同樣的戰術予以否認，一步步的與其切割。

里塞協助解釋了我案例中的一些細節。他說，檔案一開始引用的《刑法》條文算是準則，然而，要是走到起訴這一步，那麼部裡的律師對於犯錯這點將會相當審慎，而堅持在法庭上擁有站得住腳的證據。開場報告中意識形態的評估上寫著「資產自由」，這很重要，因為這意味著，我只能居中算是「既非『革新』也非『反動』」，這些都是很關鍵的類別。

那他們又是怎樣一如行動計畫中所描寫的，向蘇聯情報局諮詢意見呢？呃，「友人們」所在的卡爾斯霍斯特會收到便條。所以，他們也稱「友人們」？對，在檔案裡寫下「向友人們諮詢」，或僅「向某位友人諮詢」，那都是相當普遍的。但友人們實際上並不友善。「他們認為我們無足輕重」——最多，把我們當作資歷短淺的夥伴，最糟，則把我們當作被占領國的代表。

那麼，負責波蘭團結工聯的工作小組呢？是啊，他猶記自己還打算前往波蘭呢——他還為此感到很不高興——但他認為這個小組沒啥效率。

早先在我還沒搬到東柏林前，他們甚至在對我所做的觀察報告中寫著：部裡在腓特烈大街跨境處擁有一整支軍隊，隨時準備逮捕或跟蹤任何看似可疑或引人注目的人。

整個九之二處大概擁有二十至三十名職員。他個人所屬的A組：英國組，則有五人，每年大概僅僅處理五至十份「作戰式個人管制檔案」（OPK），高階「作戰式個案」（OV）

3 salami tactics，又稱「漸進戰術」或「切臘腸戰術」。

最多二至三份。所以監視者與被監視者的比例是一比三，又或許甚至高達一比二。他們是怎麼花上一週五天、一天十二個小時跟蹤這麼少的人？他們整天到底在**幹麼**？

「好問題。」里塞說，這也是他覺得難以回答的問題。當然，會議很多，「OPK」和「OV」的檔案也一如我所看到的，寫得十分詳盡，經營線人以及召募新線人的業務也都非常耗時。

一如我也問過其他人的，我問他，他們是否曾抓到任何特務。不，在他任內沒有。費利茲，阿爾弗雷德——他說起他的名字，就像索引卡所顯示的那樣，先姓後名——或許已經告訴過我有一名女外交官差點就要投靠他們。

至於那封根據暗中竊聽那女人私生活的細節而寫成的黑函，他會不會感到良心不安？會，他會感到良心不安，但「每個情報單位都會這麼做」——他說了跟費利茲一模一樣的話。

回到他這個戰後世代所聲稱的理想主義，我問他，這在他年輕一點的同事間是否有所不同，例如，溫特少尉？

「哦，溫特．海寧啊，」他驚呼一笑。溫特．海寧工作認真、行事謹慎、口才一流，是一名很優秀的內勤職員，但他並不擅長召募新特務，因為他太過謹慎，而且「與人接觸會害羞」。

我說，我在這方面有些經驗，因為與其他人相比，溫特的表現讓我覺得他是最不想和我見面的那個人。

「啊，是了，那準是他！也或許他太太並不想要他這麼做。你知道的，我太太也是，她昨晚回來時說：『你是瘋了才會去跟他談。你不應該去。』」

她是對的嗎？我想不是，因為我從這段對話，剔除了一種印象，那就是一個富有才智，基本上又是如此溫文儒雅的人，他是怎樣因為自己的童年——關於這點，我一樣能夠理解——而進入一個邪惡的單位，來報效他的國家。一個沒有勇氣離開，卻又真正從錯誤學到教訓的人。與他道別、祝他事事順心之後，我在走回旅館房間、寫下筆記時，心中漾起了驚人的語句：「克勞斯．里塞是個好人。」他不只是像某個集中營的官員白天殺人、回家卻聽著巴哈並陪孩子玩耍那樣，私下行為禮度合宜、審慎有別，也不只是一個品質更好的瑞斯威斯，我所指的是，他是一個真正善良，而且在進入辦公室的那扇門前，良心卻不致泯滅的人。

我只見過他一次，也就是現在的他，而不是當時那樣身穿制服、喚起人們恐懼的他。或許當時他的臉真就像職員證上的照片那樣，看起來相當醜陋。也許他的確也做了什麼、涉入了駭人之事，而他並未坦誠相告，或者傾向遺忘，又或者就是單純忘了。倘若我真是一名史塔西的受害者——遑論他行動下的直接受害者——那麼我的感覺可能會非常不同。但除非我找到了其他證據，不然我是這麼認為的。

海因茨・約阿希姆・溫特（Heinz-Joachim Wendt）：一九五二年八月十六日生於巴德克萊嫩（Bad Kleinen）的村落。當他仍在襁褓時，他們全家就搬到了附近威斯瑪（Wismar）的巴爾的漁港（Baltic port），他爸媽則在當地的國營漁業公司上班。在他讀起格哈特・霍普特曼（Gerhart Hauptmann）小學時，他的體育表現特別優異，所以十三歲時就被送往專門培育年輕運動家的羅斯托克（Rostock）寄宿學校。（此處是國家贊助下高度組織化的體制之一，曾替東德贏得不計其數的奧林匹克獎牌。）然而，一如他在履歷上所寫的，到了十五歲，他「因為嚴重的運動傷害」而必須轉往當地的一般學校就讀。一九六九年，他成了班上「德國自由青年團」小組的祕書。

那年春天，他受到史塔西徵召，擔任所謂的「安全社會合作人」（social collaborator for security）。他寫下了一份簡短的聲明並且親簽——想必是經由口述要其聽寫——內容是承諾要「盡其所能的支持國家安全部」，同時確認已經收到指示，「不得與任何人談到我與MfS的關連」。他才十六歲。

當他在兩年之後達到法定年齡，他們便提議將他轉為IM。整整五頁的提議報告中先是檢視他的背景，還有至今在史塔西擔任過的職務：「他會呈交相關問題與人們的手寫報告，並準時參加定期會議。」他對於該部的魅力，就在於他會在其他年輕人有空時與他們碰面。為了召募時的面試，他們得告訴候選人「敵人如何在政治意識分歧的推波助瀾下，試圖對年輕人帶來負面的影響」。官員還得解釋，該部試圖遏止此事，但「正因我們無法獨自完成，同時依據東德憲法，每一位東德國民都得共同負起捍衛國家的責任，於是他們轉而找上他，並需要他的協助。」他們認為，要是他同意，那麼他就會得到「節食者費舍爾」（Dieter Fischer）的代號。召募活動將於一九七一年二月二十三日晚上七時在「主廚」（Chef）的策謀公寓中舉行。

檔案中有份手寫的宣誓書，結論寫著：「我不得與任何人說起有關【與該部】合作的形式，就連最親近的親人也不例外。」

他定期的線人檔案中涵蓋了一些老師和同學的報告，但在一年半後，這樣的檔案即遭封存，因為海因茨．約阿希姆．溫特在十九歲時，承諾自己要在國家安全部擔任職業軍人，服務至少十年。這是除了一般兵役之外的另一條路。如今，他工整的寫下四頁宣誓書，要「堅忍不拔的奮力對抗德意志民主共和國與世界上擁護社會主義陣營的敵人」。他發誓「立身處事都要依據社會主義倫理與道德的戒律」，並時時留意「帝國主義的諜報活動與特務中心的犯罪手法」。他同意不論是他本人還是他親近的家人，都不得前往西柏林、西德或其他資本主義的國家，或是與當地民眾有所聯繫。

這是在一九七一年。一九七三年十一月的一份評估寫著：「他既開放又誠實。以往他很容易受人影響，在經過幾次討論後，他關掉了這項人格上的弱點。」就這麼把它關掉，有如「德國衛生博物館」玻璃人裡的電燈那樣。

他一路平步青雲。一九七四年，他搬至柏林，加入擴編的九之二處，擔任A組，即英國組的內勤職員。部裡批准他結婚，即便有些條件（但這些條件，卻是明確屬於史塔西檔案法中明文規定的「值得保障權益」）。一九八四年，他接任里塞，成了組長，到了一九八六年，擢升為該處副處長，同時，他也在波茨坦的司法高等學校，亦即史塔西的所屬大學修習學位。根據他的文憑，他所研修的「馬克思主義—列寧主義哲學」、「科學共產主義」、「犯罪策略」和「帝國主義的媒體政策」都是「優等」，但「國際法律關係」僅為「良好」。

他的薪水也隨著職級一路調升：上士、准尉、少尉、中尉、上尉。一九八九年三月的評估內容對他大為讚許，雖也同時建議他需要「更加了解高階領導層級約束並限制調動人員的方法」。他率領處裡的黨政宣導小組，閒暇時都在「進行政治與文學的閱讀，並參訪運動賽事及文化活動」。四月，部裡建議他晉升為少校，且在一九八九年十月七日，亦即東德四十週年國慶日時，正式獲得該部明文確認。一名年方三十七歲的少校——是該好好慶祝。但就在幾週內，整個東德就垮台了，這對他來說，鐵定也是重重摔了一跤。

溫特是所有人當中最難以捉摸的。首先，「圈內人委員會」告訴我他已經死了。接著，高克機構所找到的又是錯的溫特。待他們找到正確的檔案、因而有了他的名字，我才開始查找柏林的電話簿，但姓「溫特」的人有整整兩頁，其中沒有人叫「海因茨·約阿希姆」，看來查找電話簿毫無幫助。於是我驅車前往職員證上的舊址——霍恩舍恩豪森（Hohenschönhausen），也就是一個位於東柏林外圍、史塔西人口稠密的地區，並找到一棟過去曾是史塔西住家，如今卻成了尋求庇護人士接待所的單調公寓大樓。

在進一步的打聽下，「圈內人委員會」認為他可能已經搬回他在威斯瑪的老家。我開車前往巴爾的漁港，歇息片刻欣賞它紅磚造的歌德式教堂與市集廣場，便在一棟新公寓找到他的雙親，在我透過電話問起他的行蹤時，他母親有所警覺、心生防衛，我爬上樓梯、前往公寓的那段時間裡，她便已經給她兒子打過電話。也因此，稍後在門口迎接我的，是一名雙頰紅潤、面帶怒容的賣魚婦，她告訴我海因茨．約阿希姆並不想和我談。「他沒興趣。」透過半掩的門，我還瞄到了一位心煩意亂的老先生。在我開回柏林的路上，我想像著雙親因為兒子的人生出了錯所感到的苦惱，而這樣的苦惱，正是因我而起。

於是，我致函他的雙親，為自己突如其來的打擾致歉，並隨函覆上一封給溫特的信，解釋我為何想要聽聽這段故事裡他的說法。他透過雙親的地址回了信，信的內容謙恭有禮、字斟酌。

「我當然記得你，還能回憶起你的一些出版作品，」他寫道，「有好一段時間，我一直都認為有一天你會提起這個主題。」然而，關於我的書，他愛莫能助，原因在於「全然出於想要保密」，無關乎政治或專業。他認為，就算並未與我對話，我也應該能夠「理性客觀的」評估檔案中的事實。「時間的變遷會導致看待事物的角度有所不同。至少我的案例是如此，因為我既不是在十五年前，也不是在所謂的「轉變之時」（Wendezeit，即一九八九年至一九九〇年），而是在今日，透過他人雙眼去看待各式各樣的事物。他要我尊重他動機下的這份認真，並打消「嘗試進一步接觸」——突然掉進史塔西的用語——的念頭，最後還祝我計畫「順利成功」。

我也同時向威斯瑪和柏林的戶政事務所打聽，最後終於取得一份電腦列印文件，上面有著一處柏林的地址。我再次去函，問他能否至少用幾個句子，略加解釋他「在今日，透過他人雙眼去看待各式各樣的事物」意指為何。我重複了第一封信裡所說的，按照目前情況看來，我只能根據檔案寫出他的工作內容，同時「對於史學家來說，單只寫出他的工作內容，常常無法讓人滿意，因為檔案只會告訴我們一部分事實。為了取得真實公正的描述，史學家也需要來自歷史事件參與者的不同觀點。」我補充道：「加上本著公平公正的精神，我也想直接問你：寫出你的真名，是否可能對你或是你的家人帶來職業上或私生活上的影響，而那是我在目前狀況下所無從評估的？」（這麼說在德國聽起來比較不那麼怪。）

我想，我會對他、對他工作中的太太、對他可能正在求學的孩子——若他有孩子——對他們的朋友，又或者朋友的雙親帶來困境。實際上，我曾與東德友人討論，是否應該匿名處理所有史塔西的官員，這樣對他們較好。整體來看，他們並不這麼認為。光就該部的高層之一、克拉奇將軍這案例來說，這麼做鐵定相當可笑。考爾佛斯、費利茲、里塞都是資深官員——最後全成了上校——如今他們不是已經退休，就是快要退休，孩子也都已經長大成人。我在和他們談話時，他們並未要求我要匿名處理。但溫特如今也才四十五、四十六歲，眼前距離退休仍有一半的路要走。萬一同事或上司讀了本書的德文版，他或他太太都可能會在職場上遇到困難，就像報紙公開了里塞之名後，里塞太太的狀況那樣。最重要的是，溫特的孩子或許還小，很可能因而遭人欺負與辱罵。我真的不知道。如今瀰漫在東德的氛圍已經不那麼歇斯底里，人民也比一九九〇年代初期更加了解史塔西，但我還是得給他一次機會。

三週後，就在我寄給他另外一封信、確認他是否收到我的來信後，他回信道：「唯恐顯得失禮，我在此確認已經收到你分別在九月十日及二十六日所寄出的信。」但他再次重申，「不論如何，我都不會幫你。我希望你不會因為我這麼說而感到不舒服。從你和我以前同事的對話看來，你可能不常遇到這樣的情況。」他希望我能接受他的回答，當作是最後的回覆，「並且打消未來『嘗試進一步接觸』的念頭」。他做出結論：「就目前看來，我看不出我個人、家人或者我在職場上有必要對（指名道姓一事）特別小心。請繼續完成你所認為正確、妥適的研究工作。」我回信表示我雖感遺憾，但仍尊重他的決定，而且之後會把這本書寄給他。

我的確很遺憾，不僅是因為他是直接負責我案子的官員，同時也因為在一九八一至一九八二年，想必他透過他當時的那雙眼睛，耗費了不少工時觀察我——倘若職員人數與受其監視的人數比例真如里塞所記得的那樣。我遺憾，尤其因為他是屬於和他人不同的世代。戰爭直接塑造出那些人的職業生涯：他們過的是二戰後的人生。但是相反的，溫特和我同輩，他只比我大三歲。和我相同的是，他完全生長在冷戰下分歧的歐洲；只不過和我不同的是，除了他所出生的那個國家和體制，他一無所知。他檔案中乏味又官僚的陳述方式，充分說明了他怎麼一路走來、做起這行，但他本人應能提供更多的資訊。或許他在讀完本書之後就會改變心意？也或許他並不會。

第十二章

史塔西不單單禁止我到一九八九年底前都不得入境，他們還把我的個人資料輸入「敵方統一資料登記系統」（System of Unified Registration of Data on the Enemy），俄文縮寫為「SOUD」。這是最初由蘇聯情報局局長尤里·安德羅波夫（Yuri Andropov）所提出的一種精細系統，設於莫斯科，旨在讓所有蘇聯集團國家的祕密警察之間交換資訊。系統內光是「敵人」的種類就超過十五種，從一開始的特務，直到涵括了「反動組織」、「政治思想分歧中心」人士、「奸細密探」、「遭到禁止且不受歡迎的人」、「敵對的外交官」、「敵對的記者」、恐怖份子以及走私人士。

我被歸在第五種：「經由敵對的情報單位、政治思想分歧中心、擁護猶太復國主義人士、敵對的他國流亡人士、神職人員與其他組織之委託，從事顛覆活動，以對抗社會主義同盟國家的人。」他們認定我的「政治思想分歧中心」就是BBC。

根據高克機構所做的研究，史塔西是該系統唯一貢獻最多的，而且系統內的人名，主要也是由史塔西第二總處提供。在「恐怖份子」的類別下，他們列出了「赤軍旅」的一百三十二名成員，還有由東德本身給予庇護的另外九人：接受東德招納歸附的敵方人士。他們也輸入了在西柏林攻擊我的新納粹組織「維京青年」的九十七名成員。高克機構的專家指出，幾乎可以肯定的是，蘇聯情報局仍可自由運用SOUD的資料——一想到這，便有點讓人不安。但他們也得出結論，此時此刻，這個系統內的資料大多已經無效，尤其在多數蘇聯集團的情報局都把最有利的消息來源掌握在自己手中之後，情況更是如此。

真的，我雖被輸入系統，但我並未因此無法遊歷集團內的其他國家。舉例來說，我曾經正式以記者身分前往蘇聯與匈牙利。波蘭當局最後也在一九八三年春季解除對我的禁令，讓我追隨教宗二度前往他的故土朝聖，目睹這名偉大的行動人士告誡其人民「堅持希望」。「即便專制獨裁的共產體制從表面看起來依然沒變，」我寫道，「但實際上，其內部已經開始瓦解。」在那之後，即便我每次都好不容易才能從波蘭大使館取得核發的簽證，但我還是時常返回波蘭。

至於捷克斯洛伐克，我則是以「觀光人士」的身分前往。飛到布拉格前，我小心翼翼的隱藏著想要拜訪的友人姓名與地址，並以縮寫的形式，用鉛筆細小的把相關字母寫在歐洲貨幣支票的背面。我從不致電持不同政見的友人，在確定並未遭人跟蹤之後，直接出現在他家門前。我曾躡手躡腳的穿過森林，以擺脫捷克前總統哈維爾（Václav Havel）鄉間農場外的警察，然後再以「特別通訊記者」——或者曾有一次，以「馬克・布蘭登堡」（Mark

Brandenburg）的名義——發表文章。

我也會攜帶現金、書籍和訊息給一些國家中已在備戰的異議份子，這些都是來自他們流亡在西歐的友人、同志，以及我所活躍的小型慈善機構：波蘭的「雅捷隆信託」，或是由我們命名、聽似無害且支持橫跨中東歐地下出版商，以及地下期刊的「中東歐出版專案」（Central and East European Publishing Project）。同樣的，我並不孤單。雖然這類活動直到一九八九年為止都不算多，但幾乎所有與政治沾上邊的人全都參與其中，從英國的新保守主義人士羅傑・史庫頓（Roger Scruton，即「雅捷隆信託」的核心人物），到諸如德國裔英國社會學暨哲學家拉爾夫・達倫道夫（Ralf Dahrendorf，我們「中東歐出版專案」的主任）那樣終身的自由主義份子，甚至到《東歐的勞工焦點》（*Labour Focus on Eastern Europe*）期刊中奧利佛・麥唐諾（Oliver Macdonald）那樣的新托洛斯基份子皆然。一如戰時，我們都出於共同目標而團結一致。

回頭翻起我書架上的舊筆記本，我查到自己曾刻意用難以辨識的潦草筆跡寫著「貴族般的（Lordly）邀請KB和EK？」、「A.M.給ZL？」、「柏林—別爾嘉耶夫[1]」，翻譯後也就是：我能否拜託一名英國貴族寄送正式的邀請函給「團結工聯」的活躍份子康拉德・畢林斯基（Konrad Bieliński）和伊娃・庫里克（Ewa Kulik）？亞當・米奇尼克有否要交給

1 Berdyayev，即俄國當代哲學思想家，曾因批判蘇維埃共產主義而遭到驅逐，一九二二年流亡巴黎。

巴黎波蘭文學季刊《筆記文學》（*Zeszyty Literackie*）的稿子？以賽亞．伯林（Isaiah Berlin）是否會為別爾嘉耶夫書籍的波蘭文地下版本題序？諸如此類。我猶記自己坐在弗羅茲瓦夫（Wrocław）一處骯髒公園的長凳上時，有名地下組織的活躍份子——如今已是波蘭女性運動的領袖——朗誦著寫在香菸紙上細小的字跡，然後迅速的把紙丟進嘴裡，一口吞下。

有些我個人所策畫的防範措施也許太過誇張，但正因我所拜訪的友人遠比我更容易遭到危害，所以我很樂於把自己的一舉一動搞得像個偏執狂，也很高興把祕密警察牽著鼻子走。目的會把你的手段完全合理化；而且，既然我一路上都很享受這場遊戲所帶來的刺激，那麼，我又何樂不為呢？

直到一九八九年十二月底，東德都並未徹底落實對我的禁令。在當時，英國大使館對東柏林進行強制干預後，他們僅允許我入境兩日，參加一九八四年十月七日東德成立三十五週年的官方慶典，而我確實也注意到國際新聞中心（International Press Center，IPC）的人都對我格外冷淡。（如今，我得知史塔西十三之二處在該中心的員工中，安插了超過二十四名的臥底職員。）「市中心，」我在報告中寫道，「滿滿都是身穿制服的警察，以及便衣警察。我每次要回旅館時就會遭到便衣警察（史塔西）攔阻……當我拜訪老友（實際上就是華納和安娜格夫婦），有四名男子就這麼坐在深綠色的拉達車裡等著，顯然不想引人側目。呃，這算是國家保障全民就業的方法之一吧。」如今，我找到史塔西下令的單據，內容告知邊境守衛自一九八四年十月八日起，該禁令即將再次生效，原先的簽證也會作廢：「倘若目標對象要求解釋，就告訴他，之前他所收到至一九八四年十月八日前有效的簽證係屬誤發。」

一九八五年四月，我隨著時任外交首相傑佛瑞．侯艾（Geoffrey Howe）出訪東歐三國，遂入境東德一日半。由於我是受邀搭乘外相專機的記者團員之一，我想，拒絕讓我入境恐怕會引發非常輕微的外交事件。同樣的，他們的歡迎冷冰冰的。在那之後，雖然我偶爾仍會申請入境，但他們有整整四年將我拒於門外，每一次的駁回都整齊的記錄在史塔西的索引卡上。SOUD的卡片上寫著參考一份HVA第三處於一九八六年，在與外交掩護下的特務溝通協調、因此想必是依據他們在倫敦大使館的人馬（不分男女）所寫成的報告之下，而對我做出的評估。

於此同時，波蘭與匈牙利開始加速進步，令人興奮。一九八九年六月，我人在華沙參與一場由「團結工聯」勝出，而共產主義實際上已經大失民心的半自由選舉。當我在歐洲飯店房裡的電話於早上八時響起，我完全料想不到會是東德外交部的官員打來，他彬彬有禮的告知我，現在我要進出東德已經暢行無礙。所以數週後，我回到東柏林，就在大都會旅館眺望著腓特烈車站。

我曾與如今率領才剛起步的自由民主聯盟黨（Alliance of Free Democrats）之匈牙利民運領袖雅諾什．基斯（János Kis），以及為反對派「團結工聯」發聲，且波蘭共產當局在一九八九年首次圓桌會議時所勉強承認的報社、如今擔任《選舉日報》（*Gazeta Wyborcza*）

總編亞當・米奇尼克，共同撰寫過一篇文章，而我就是在腓特烈車站，花上好些時間規畫如何在歐洲幾個大報刊登該文。「在當今的波蘭和匈牙利，」我們寫道，「歐洲有著前所未有的好時機，一種將共產主義轉型成自由民主的時機。過去從來沒人這麼做，也沒人知道做不做得到。」我們繼而訴諸西歐領袖與歐洲民意在這過程中發揮協助的功能。這篇文章給了象徵東德的一切一記迎頭痛擊，而大都會旅館的電話接線員可說是有效促進這篇文章順利在整個歐洲大陸公開發表。

我曾與基層官員有過幾次荒唐可笑的面談。有一位來自國際關係研究中心（Institute of International Relations）、名叫克雷克博士的人，恪守著哈格所提出有關國家問題的意識形態路線，他寧可談論起「東德人」和「西德人」，也拒絕說出「德國人」三個字。但，他也確實勇於坦承東德人和西德人是有相似之處：「不知為何，我們都會向前看。」不過他很快又補充說，他們也都喜歡英國人和荷蘭人。

我也曾和一小群民運人士在其領導人物之一，波珀（Gerd Poppe）的公寓中聊到深夜。（波珀在史塔西內有很多卷個人檔案，其中透露出史塔西曾試圖破壞他的家庭，下令特務去追求他太太，並要求他孩子的學校老師教導他們反抗父親。）他們都感到非常沮喪，不看好東德有機會追隨波蘭、匈牙利，步上這兩國如今所引導東德走上的道路。當時我所寫的那篇文章受到這番對話很大影響，因而對於整個事件也顯得非常悲觀。《觀察家》的次標題把我寫成了「替圍牆裡的小雞嘆氣」。當我看見當今波蘭與匈牙利巨大的可能性，我，一如波珀和其友人，只是無法相信東德有可能那麼快就面臨轉變，也無法相信在短短幾個月內，人們就能這樣走過柏林圍牆。

實際上，唯一一個我所認識，並曾預見過此情此景的人不是民運份子、政治科學家、外交官或記者，而是烏蘇拉，也就是我初到柏林生活時一起同住的老太太。有天吃早餐時，她告訴我前一晚她做了難以理解的夢。在夢裡，東西德的邊界僅短短開放幾小時，但就在那幾小時內，湧過邊界的人如此之多，以致邊界再也無法關閉，於是德國就這麼統一了。

此次去訪，最讓我感動的對話，是我與華納的長子——約阿西姆的對話。這個極為貼心又曾在一九八〇年遭史塔西暗中拍照的十二歲孩子，如今成了一名既高大又憤怒的二十一歲青年。我們在熱得發昏的七月高溫下，雙雙坐在牧師住宅的陽台上，然後他告訴我，他和他的朋友如何試圖獨立監控當地的選舉、國家是如何竄改選舉的結果，還有當他們試圖抗議竄改一事時，警察又如何拉扯他們的長髮、把他們拖過石子街道。他說，在這國家裡，多數人都太過愚蠢、被動且害怕有所作為。也許有一天，東德會改變，只不過這得花上很多年，而且到了那時，他已經視茫茫而髮蒼蒼了。他想要**活著**、想要旅行。截至目前，他只出境過一次，在西柏林待了四天。若是還有機會的話……

幾週後，我收到了約阿西姆的來信，信上正是西柏林的郵戳。他前往匈牙利度假，然後就像許多其他人那樣，悄悄跨過如今戒備鬆散的邊境，進入奧地利。接著他再經由一處接待的營地，從那裡回到距離潘科舊牧師住宅只有幾英里的地方。但想當然耳，他的家人無法探視他，而他也一樣無法探視他的家人——未來很可能很多年都是如此。在潘科有個地方，只要你站上某幾處老舊的水泥大樓，你就能望過圍牆，看到西柏林的火車站。在打了通電話約好時間後，他站上火車站的月台，而此時此刻，他在東德的弟弟、妹妹也都站在水泥大樓上。他們隔著柏林圍牆向彼此揮手、叫喊。後來，他妹妹很難過他們的母親居然說：拜託，下次別再這樣了。

之後，到了十月，何內克在蘇聯最高領導人戈巴契夫與萊比錫示威抗議的共同壓力下，遭到罷免下台。萊比錫的示威抗議一如分娩時的陣痛，如今每到週一晚上人數就越來越多，規模也越來越大，而且每次都會在聖尼古拉街區的聖尼古拉教堂的禮拜一同開始。我搭機飛往柏林，租了輛車，在前往萊比錫的高速公路上吃了張超速罰單，駛經冷冰冰的濃霧，逕向聖尼古拉街區附近的停車場而去，在說服關起門來的接待人員讓我進入人滿為患的教堂後，再把自己擠進了邊側通道——還險些撞上詩人詹姆士·芬頓。他低著大頭，似在禱告。這裡又形成了另一個圈子。

到了十一月，我就這麼走過波茨坦廣場（Potsdamer Platz）上剛剛敲碎的圍牆，跨至西柏林，然後再回來，一如童話故事裡那樣。我和華納坐在大都會飯店的房裡，雙雙從高樓上的窗戶俯瞰著腓特烈車站的南側，因為那條路只通往圍牆，所以通常幾乎無人行走。但如今烏蘇拉的夢境居然成真，群眾來來回回、川流不息。華納緊抓住他的菸斗，說道：「你看看！

你**無法想像**那對我意味著什麼。」

隨著我倆凝望出神，我們都非常清楚一切將會不同。共產黨垮台了。冷戰結束了。一切全都畫下句點了。但還有一件事華納和我並不清楚，那就是他也叫「山毛櫸」，而我也叫「羅密歐」。

第十三章

現在是一九九五年十月。我進入位於牛津大學教堂路（Church Walk）的學院辦公室，發現華納剛從潘科的牧師住宅傳真給我的線人檔案頁面，就這麼掉落在傳真機下的地面上，還捲了起來。那是一名個案官員針對他定期在「艾麗莎」（Elisa）的策謀公寓中與ＩＭ「Freier」密會所手寫的報告，共有三十頁。德文中「Freier」有兩層意思，一是早期所指的「求婚者」，二是現代較常使用的「嫖客」，而後者才是這裡所指的意思。美國俚語中則會用「John」表示嫖客，但不知情的ＩＭ「嫖客（John）」可是錯過了史塔西對他開的這個小玩笑。既然都聯想到「kerb-crawler」（為尋找娼妓而沿著路緣緩慢行駛的人）這個字了，那我們不如用起後半部的「crawler」（爬蟲）就好？

ＩＭ「爬蟲」是一名牧師，他廣泛的告了他的牧師同事華納很多密。一九七九年二月七日的會面報告相當關切華納過去曾與一名「身分不明的女性」交往的不明傳言。「爬蟲」能否試圖透過花言巧語，從華納口中騙到什麼消息呢？艾克斯納上尉（Captain Exner）寫道：

此刻ＩＭ不可能透過與他密談（舒適、放鬆還有酒可喝的私下會面），來澄清這則來源不明的內部情報。他是會主動嘗試利用各種機會，但他深信，先前所提過的閉關靜修期間方是最佳時機……簽署人還指示ＩＭ，他為此所衍生的支出皆可報銷。

上週，在柏林，有天晚上華納在牧師住宅裡喝過紅酒後，朗誦這段給他太太安娜格，以及有我聽，我們幾乎都快笑破肚皮。我思忖，有多少婚姻，能夠如此輕易的通過史塔西檔案的測試？

報告接續寫著：「因與這項任務有關，ＩＭ曾經嘗試再次表示個人的關切之意，並尋找前往ＦＲＧ（西德）的可能性，先前的簽署人已向他再三擔保過此事。」所以「爬蟲」就像「米赫拉」一樣，有一部分是為了出境簽證才為史塔西效命，而史塔西呢，也一貫的利用其嚴密監控著人民能否出境，來作為一種取得合作關係的工具。

「爬蟲」的身分已獲得高克機構書面上的確認。但當華納向他致電時，他仍斷然否認這項指控，還隨後寄上一封內容扭曲的無罪申辯信函。

我心想，他不知有沒有傳真機？

英文裡，我們找不到任何字眼來描述日常生活中這類的過程，但德文裡卻有兩個長字可用：Geschichtsaufarbeitung（清理歷史）與Vergangenheitsbewältigung（超克過去），亦即「處理」、「努力度過」、「適應」或者甚至「克服」過去。德國「擊敗過去」的第二回合，在歷經希特勒之後的第一回合下，變得更加精美且完善。如今，調查、揭露、反責與和解的話語又再次於這片土地上來回進行著。不僅止於這片土地，在這充滿影印機、傳真機、光纖電纜和衛星的年代，歸咎何人有罪的文件，其完美的複製本都能在幾秒之間就迅速的傳遍世界各地，還能在隔日產出不計其數的影本。昨日，你的祕密還藏在一只髒兮兮的硬紙板檔案裡，今日，它就已經攤在百萬張的早餐桌上。

全世界的國家都面對著「過去」的問題。歐洲與亞洲所有的「後共產主義」國家，還有拉丁美洲與南非先前的專制獨裁。如佛朗哥後的西班牙，或者在「後團結工聯」政府一開始所統治下的波蘭，它們都試圖與過去劃清界線。逝者已矣、來者可追！亞當・米奇尼克就是公開倡導這種方式的人。「同理心至上。」他說，並主張無論如何，人們萬萬不能相信祕密警察的檔案紀錄：「舉例來說，我們難道可以把自己的信念寄託在由史塔西線人所準備的文件裡嘛？沒人能夠說服我這些文件是可靠的。」

其他國家則走上不同的路。它們有過審判：有些美其名為「審判」，事實卻不然，一如對羅馬尼亞的前領導人西奧塞古（Ceaușescu）的審判；有些則像在作秀，定期做做樣子給人民看，一如對保加利亞前共黨領袖吉夫寇夫（Todor Zhivkov）的審判便是如此。就像捷克斯洛伐克的「除垢」（lustration），他們在管理上進行肅清，隱含著拉丁美洲那種淨化儀式的意味。他們還委託史學家、律師及當選的政治人物詳加審視共產主義的過去，像是布拉格之春或波蘭宣告戒嚴之類的。在智利與南非，他們則委託調查「真相並和解」。

只有新德國什麼都做。德國進行審判、肅清、委託查明事實，並且很有系統的開放祕密警察的檔案，讓每一個想要知道祕密警察對他們做了什麼，又或者他或她對其他人做了什麼的人可調閱。這堪稱獨樹一格。此外，還有哪幾個「後共產主義」的國家擁有這麼做的財力？高克機構在一九九六年的預算就有兩億三千四百萬德國馬克，約莫一億英鎊。光是這，就比立陶宛整年度的國防預算還要多。

高克機構聘用了三千多名來自東西德的全職員工。舒茲太太以往都會替全德境內的機構安排前往西柏林的旅遊團參觀柏林圍牆之類的。後來接替他的丹克爾女士過去任職於東德的報社。因此，該機構本身就是統一後德國的縮影。當我等著要與約雅敬・高克會晤時，我和兩名祕書聊起有關最近約西姆・韋根（Joachim Wiegand）現身議會法庭的事。約西姆・韋根是一名史塔西的資深官員，他曾告訴華納，他打過電話給在牛津的我。此時此刻，（來自東德的）祕書忿忿不平的說，聽到這隻恐怖的豬仔說話，你會覺得史塔西根本就是救世軍的分支。（來自西德的）祕書則爽朗的說，「沒錯，但我聽說，他說起話來娛樂價值很高。」兩個世界就在兩個電腦螢幕間相互碰撞、彼此牴觸。高克機構就像華納那樣，扮演著牧師的角色，竭力地想要將體驗過專制獨裁那些人的價值與經歷，傳遞給一個對娛樂價值更有興趣的社會。這就像馬丁・路德上了電視脫口秀，而我不確定他最終是否達到目的。

研究部門裡的史學家本身就是這段歷史的一小部分，他們其中有一、兩名來自東德，背後也都有一段很艱辛的個人過往，至於其他都是在西歐機構中研究東德的人，而有若干指標性的人物來自位於慕尼黑、以研究納粹主義聞名的「當代歷史研究所」。這些年約三、四十歲、高尚儒雅又崇尚自由的西歐人士，在受過解剖蓋世太保和納粹黨衛軍屍體的訓練後，堪稱是一絲不苟的歷史病理學家。他們也算得上是一段德國獨有的歷史：上半輩子專業的研究德國的一段專制獨裁史，後半輩子又緊接著研究另一段，卻又一直都生活在和平、繁榮的德國民主下。

凡是直接與檔案接觸過的人，全都對檔案瞭若指掌。無論人們有多清醒、多負責，無論整體調閱的過程呈現出怎樣的氛圍，這種因偷窺而得知他人私密細節所帶來的恐懼仍舊存在。我注意到替我調閱檔案的女士在談及「米赫拉」、「舒爾特」或我檔案中的某個人物時，都會有點臉紅。沒錯，他們說，這工作有時是**非常**有趣——你知道的，既是凡人都會覺得有趣。

我本身就已經發現，「對檔案有所了解」依然很有影響力。過去史塔西所曾擁有過的這種影響力，有很重要的一部分已經下放至「機構」的官員，然後再從那裡下放至單一讀者、記者、學者，又或者下放至要求「高克一下」（gaucking）某一名職員或應徵人士的雇主，

---

1 Salvation Army，基督新教中的同時從事傳教與社會服務的組織，其創始人為英國的卜維廉（William Booth）。該組織中稱其教徒為「軍兵」，教士為「軍官」，並授有軍階與軍銜，卜維廉則自任為總司令，軍官有統一制服，還設計有軍旗、組有銅管軍樂隊，與一般軍隊極為類似。

不過最後反而變成他們須得決定應該如何利用「高克之後」的結果，予以雇用呢？還是解雇？要揭露呢？還是放他一馬？最重要的是，「ＩＭ」這兩個小字母只要一出現，就成了汙點。就算是用來作為更合理的用途、就算是在法律及公民監督的嚴密限制下，這樣的影響力仍存在著邪惡的那一面。

我和華納前往拜會特林佩爾曼（Trümpelmann）夫人，一位迷人又聰明的女性，她已經在諾曼街上過去該部綜合大樓的閱覽室中為訪客準備好個別的檔案。她描述起同事間莫名其妙、錯綜複雜的感受。同事們都察覺到因為私下獲悉了檔案的內容，也因而獲得了祕密的影響力，好像他們就是為史塔西效命，但其中又有很多人並不願意告訴友人或陌生人他們在哪工作。同時，我也發現了丹克爾夫人並不想要我用她的真名，因為她家附近住了很多前史塔西的職員，她害怕會引發一些不愉快的事——若是情況沒有惡化。他們都還是很有組織、很有系統的，她說。

這些檔案改變了人的一生。最近特林佩爾曼夫人就有一名讀者，過去曾在共產政權下試圖逃往西德，因而遭判五年有期徒刑。如今，她藉著讀自己的檔案，才發現到當初向史塔西告發她的人正是她一直以來的同居人。他們至今依然同居，而他在那天早上，竟還預祝她調檔愉快。那女人在得知真相後，就這麼癱軟在特林佩爾曼夫人的懷裡。

特林佩爾曼夫人擁有神職背景，極其痛苦的協助人們度過這些打擊。基本上，她都會事前電告，要人們做好準備，之後再小心翼翼的解釋完檔案的本質，才把人們安頓在閱覽室內。

人們閱讀檔案時，她就在身邊安慰他們，也因此承受著極大的壓力，身心都是。一個人如何日日都與毒藥共事，卻又能夠不中毒呢？

該機構裡並非所有員工都這麼敏感。倘若做起第二回合，人們也許會把注意力放在加強訓練和罹患憂鬱症的受害者直接對口的員工，倘若做起第三回合，那麼德國鐵定能把「擊敗過去」做得盡善盡美了。只不過到了那時，這所有一切的重點，便在於根本就不該有那第三回合。

直到一九九六年六月底，該機構已經回覆了約莫一百七十萬來自大眾和雇主私底下的核查請求。換句話說，有十分之一的東德人「曾遭高克」，同期，又有超過一百多萬的男男女女——確切來說是一百一十四萬五千零五人——申請調閱自己的檔案，而這些人當中，已有將近四十二萬人看過他們的檔案，卻僅有三萬六千多人在得知沒有他們的檔案之後是鬆了一口氣的——或者是失望？其餘的則仍在等待機構進一步處理他們的申請。我已經找不到更科學的方法來評估這種獨特的作業方式所帶來的衝擊。

華納的教區中有一名叫做維拉·華倫柏格（Vera Wollenberger）的女人，她發現自己的丈夫一直都在密告她之後，便決意離婚，而且過程相當驚悚。也只有他倆才有資格說，他們是得知真相了，但這究竟是好還不好。有些史塔西筆下的線人也都慘遭媒體的審判：不負責任、揭露煽動的訊息、並未思索其中的動機與內文脈絡，或者這些消息很可能並不可靠等等。而你的確要非常小心。有個朋友跟我說起一個故事，他說，在一九八〇年代的某個時候，有個人來找過他，然後說：「欸，他們要我密告你，我怎麼甩也甩不掉，你就告訴我一些我能說的吧。」他倆便聯手設計出他所應該報告的內容。但我的朋友要是不幸過世，然後他們找到了線人的報告，那麼會有誰願意相信他這番說詞呢？祕密警察檔案中特有的細節，以及對於線人的執著，同時也分散了掌管這整個體制的政黨領導人和公務人員的注意力。

很諷刺的是，檔案在東德前異議份子的要求下開放，卻也強化了西德對東德所採行的新殖民態度。西德人士從來就毋須像曾歷經專制獨裁的人那樣，做出痛苦的抉擇，而只是一派輕鬆的坐著痛批東德是個替史塔西從事諜報的國家。而許多東德的一般人士為了回應，則會團結聚集在像是史鐸佩那樣人物的周圍——即便他在檔案中被記錄為ＩＭ「祕書」。我在黑暗中的幽靈（Doppelgänger）魯茲．伯特倫（Lutz Bertram），也就是那名擔任ＩＭ「羅密歐」、向史塔西告密的盲人ＤＪ，他如今受雇於前身為執政共產黨的民主社會主義黨（Party of Democratic Socialism），還很不可思議的成了他們的「媒體代表」。

這樣的操作模式，顯然並不像有些人所害怕的那樣撕裂了東德社會。有一名海因茲．布蘭德（Heinz Brandt）教授之類的，據說對自己被揭露是史塔西的合作人感到絕望，而在痛心疾首下，把自己精心蒐集的「花園地精」摔成了碎片。我聽說其中除了人們唯一所熟知的女地精，還有其他獨一無二的地精種類。不知怎麼，這畫面似乎完美的刻畫出東德最後的下場。還有案例是人們在被「高克」之後不合理的遭到解雇，或者在倉皇下簽署提前退休的文件，未訴諸他們有權所採取的法律途徑。但是之後，就算是在公部門，卻有不少最終得出「高克陽性」的人仍然保有他們的工作，也有不少遭到解雇的人後來得以復職，又或者在勞動法庭的命令下，至少領到了資遣費。慘痛的衝突、友情破裂、離婚、扔進窗裡的不明磚塊、幾次惡意的爆胎，這些都所在多有。最糟的是，很多自殺事件可能是因——至少有一部分是——高克之後所得到的負面結果或者媒體的揭露，即德文中所說的「曝光」所引起的。

你得用上諸多案例才能反駁這點。怎樣的案例呢？就是那些讀過檔案之後讓人們鬆了口氣、加強了人們對檔案的了解，同時更促使人們對目前生活的立場更加堅定的案例。當德國再次出現封存這些檔案的公共辯論時，高克機構又再度湧入了一大批新的申請，光一天大約就有一千件。如今已處理過約莫五百件案子的特林佩爾曼夫人強調說，以她的經驗，大部分的讀者在離開時都深感「這很有幫助」。有一名老先生還告訴她：「至少我能立遺囑了。過去，我覺得我女婿一直都在密告我，然後我對自己說：『媽的，我會把房子留給你才怪！』但現在我就能放心了。」「至少我現在知道」成了他們常常掛在嘴上的說辭。我也有著那樣的印象：經過淨化，便為向前邁進打下了更好的基礎。但這可能也只是我個人的印象罷了。

古老智慧中的兩大派別在檔案的山谷兩端相對瞭望。一端是猶太傳統下的古老智慧：記憶乃是救贖的祕密。還有出自西班牙哲人桑塔亞那（George Santayana）之口、在涉及納粹主義時常被引用的那句話：無法記取歷史教訓的人終將重蹈覆轍。另外一端，則是法國史學家歐尼斯特・勒南（Ernest Renan）的真知灼見，其表示，每個國家都是一個「共同記憶」與「共同遺忘」的群體。「遺忘，」勒南寫道，「我還會說，甚至是歷史上所犯過的錯，都是一個國家歷史中的基本要素。」而且每天都有人把「原諒與遺忘」串成「原諒就會遺忘」的單一片語。歷史上，倡導遺忘的人不計其數，也讓人印象深刻。從西元前四十四年羅馬時期的政治家暨哲學家西塞祿，一直到兩千年後在瑞士發表演說的英國首相邱吉爾都是，前者在凱薩大帝被謀殺短短兩天後，要求把過去紛紛擾擾的記憶交託給「永恆的遺忘」，後者則是想在過去的敵人間喚起英國前首相威廉‧格萊斯頓（William Gladstone）曾呼籲的「有福氣的舉動，那就是『遺忘』」。

這兩端真的都很有智慧，而且雙方的智慧也無法輕易地結合。於是我所能做到最接近的，就是隨著時間一步步推移所採用的慣例：發現—記錄—反思—但之後繼續前進。不論是族群與族群之間（波蘭人與德國人，英國人與愛爾蘭人）、族群與其本身之間（南非人與南非人之間，薩爾瓦多人與薩爾瓦多人之間）、個別的男女之間、他們之間、我們與他們之間、我們與我們之間、他與她之間——以及我和我本身之間——對於「真相**並**和解」，這已經是就我所知較為妥適的公式法則了。

沒錯，德國人，或者不僅僅是德國人，得真正了解在這二十世紀的後半，德國的領土是如何再次建立起一個極權主義的警察國家，而且可以肯定的是，它既沒第三帝國那麼殘暴、對鄰國遠不那麼有殺傷力，也沒進行種族屠殺，只不過對於本地的控制默默變得更加廣泛而普及。這個國家是如何利用心智上相同的習性、社會的紀律、納粹向來憑藉的文化訴求，以及「盡責」、「忠貞」、「準時」、「整潔」、「勤奮」那些同等重大的「次要美德」。這所有的一切又是如何在那麼多德國人都毫不知情的情況下持續了那麼久。德文——如此美好卻又過於強大的工具——更是如何再次助紂為虐。簡言之，也就是德國如何依舊行走在歌德橡樹的陰影下。

第十四章

我們並未走的那條路

匈牙利小說家史蒂芬・維金澤（Stephen Vizinczey）名為《啟蒙之愛・少年安達斯的情欲冒險》（*In Praise of Older Women*，另譯《熟女頌》）的作品中，有一幕令人難忘的場景，描述著一九五六年，匈牙利人在蘇聯入侵之後逃離祖國，發現跨至奧地利邊境那端的小村落裡，有個市集廣場停靠著一整排全新的銀色巴士，車身上還以黃色的手繪字跡標示出巴士通往的目的地，其中有瑞士、美國、瑞典、英格蘭、澳洲。「要在哪裡度過下半輩子呢？有一對帶著孩子、才剛上了前往比利時巴士的夫妻就這麼跳下車子，然後衝向寫著『紐西蘭』的那輛車。」

多數的人生抉擇並沒有這麼刻板。但回顧以往，我們都能看到，我們整個人生很可能會走上截然不同道路的那個時刻：

通向了我們未曾開啟
直達玫瑰園的那扇門

你職涯上的每一次選擇、每個可能成為你太太的女友。對克拉奇將軍，也就是史塔西反情報處處長來說，那樣的選擇就發生在《五金行》所刊登的那則廣告。要是他成了南非五金行的店員就好了！我想，對我來說，是有幾輛巴士等著我：一輛是成為外交官，另一輛是成為傳統學界中的史學家，第三輛是成為一般的外國記者，然後，隱藏在角落裡還有一輛啥都沒寫的巴士，通往那個從未正式存在的服務單位。

然而，作為一名見證人，我透過編年史的方式，記述起中歐在脫離蘇聯統治後一步步的掙脫束縛並獲得最後的自由。當冷戰結束，我打算透過史學上較傳統的方式來研究我才剛剛親身經歷的這些事件，並欲罷不能的看完一堆文件資料，甚至還在檔案庫裡待了超久，讀起直到昨天都還是最高機密的政治局文件。這些文件，也就是史學家傳統的資料來源，是否會引領我更加接近近代史學之父蘭克所主張的「真相究竟為何」呢？於此同時，我偶然發現自己的史塔西檔案，思考著這一類探索近期過往、藉由研究自己進而研究歷史的其他管道。在著手處理「我們能夠知道什麼？」這個大哉問上，這或許可以作為第三種方式。

大多數時間裡，我幾乎不曾想過英國自己的情報世界。我從報紙上看到我們的祕密情報局與國家安全局——軍情六處和軍情五處——似乎已經戒慎小心的走出陰影。隨著冷戰即將邁入尾聲，我們甚至變得更難去合理化官方整體的祕密機構，於是這些組織便得製造出新的案子，好證明他們繼續存在的重要性——還有預算。所以，我首度公開讀到上述兩個單位首長的任命消息，《議會法》（*Parliament Act*）首次賦予他們明確的法律基礎，軍情五處處長更破天荒的舉行首次公開演說，國內甚至還設立了議會情報與安全委員會。我也看到軍情六處搬進新的總部，那棟位在泰晤士河南岸綠色玻璃、引人注目的大型辦公大樓，你想裝作看不到也不行。一切都開誠布公。但，我想我並不知道軍情五處也已搬進泰晤士河另一端的新總部：一棟位於國會大廈所在的那條路上，氣勢宏偉、帶有新殖民色彩且名為「泰晤士屋」（Thames House）的白色大樓。我過去鐵定路過那裡許多次，卻不知道裡面究竟都是哪些人。

至今，我距離年少時對於祕密情報單位所存乎的遐想已經如此遙遠，以致我幾乎也已忘卻我曾對其有過短暫的戲弄。然而，約莫在我著手研究起自己的史塔西檔案時，有跡象顯示他們並沒把我忘了。有一天，我接到一名男子打來的神祕電話，他聲稱自己任職於外交部裡那個曾在一九七六年首次和我接觸、同樣從未存在的那個單位。若我有空，他有事與我商談，於是我倆相約在一家倫敦的旅館碰面喝茶。

他很快就說到重點。他說，他們懷疑有時來到牛津的學生或觀光客乃是敵方的奸細。我

---

1 Leopold Von Ranke，（1795-1886），德國歷史學家，也是西方近代史學重要奠基者之一，被譽為「近代史學之父」。

認為應該要監視他們嗎？我說，我不認為，即便我看得出他們這麼做的用意，但我並不希望我和朋友、同事與學生之間有著這樣的隔閡，進而心生芥蒂。

你一旦停下思索——在多數時間裡，我們多半不會這麼做——你就會了解他們當然得這麼運作，在牛津也當然會有在其他大學、其他行業裡的人擁有這樣第二份兼差的工作、這樣不為人知的生活。每個地方所有的祕密情報單位都需要自己的聯絡人和線人，而且要是有情報使他們順利擒獲愛爾蘭共和軍的爆破小組，或者某一名中東派去暗殺作家薩爾曼．魯西迪的刺客，那麼那名線人就是做了一件很棒，或許也很勇敢的事。

然而，我覺得這樣的手法讓人不安，因為那顯示出在多年以後，他們不知為何仍然一直跟蹤我，同時也顯現出他們只是沒跟得那麼緊。他們若有好好讀過我的書，鐵定就能明白我並不是為了加入這場遊戲。又或者，他們認為人們怎麼寫是一回事，但他們怎麼做又是另一回事——沒錯，他們常常就是這樣。

當時，這只不過是忙碌一天中令人感到不太開心的短短十五分鐘。但如今我再度思索起這件事，也思忖著有否必要對我們國家祕密情報的範疇做些進一步的調查。我們的人都在幹麼？要是我搭上那輛啥都沒寫的巴士，那我會做些什麼？當我與馬庫斯．沃爾夫在如今已經統一的柏林市中心散步時，他對我主張的論點難道就沒有一絲一毫的真相？像東德那樣共產國家下的國安單位，以及像英國這樣民主體制下的國安單位，這兩者本質上的差異**究竟為何**？

閱讀有關諜報的內容堪稱是英國人最大的樂趣。只有主題為「性愛」與「園藝」的套書才足以與「諜報」主題的套書匹敵。調查報導、回憶錄、學術研究、衍生而來的電視劇、紀實性廣播節目，更別提那些沒完沒了的小說和驚悚片。在我史塔西檔案的第一〇六頁中，四之二十處寫道：「『羅密歐』安排好在一九八〇年二月二十五日與『山毛櫸』、人在華沙的記者帝姆・塞巴斯蒂安（Timothy Sebastian）見面。」如今，有朋友告訴我一定要拜讀一下帝姆・塞巴斯蒂安所執筆、有關史塔西的諜報驚悚小說《逃離柏林》（*Exit Berlin*）。

這類東西擺滿了一櫃又一櫃，但是問題就出在你如何能夠真正明白什麼是真實的、什麼是虛構的，而什麼又是完全不為人所知的？為了這點，我得跨出書面的文字。於是，在這個文字的黑海中浮游之後，我與一些過去擅於描寫英國情報世界的人、一些如今或多或少已經快樂的離開那世界的人，還有過去在冷戰期間須對祕密情報單位負起部長之責的政治人物聊了聊。

在打聽下，我找到人在英國康瓦爾郡的大衛・康威爾（David Cornwell，別名「約翰・勒卡雷」），與他沿著海邊的懸崖散了散步，再一同共進晚餐，而就在晚餐期間，某位俄羅斯大使向這名來自西歐並擅於描寫冷戰期間諜報小說的大師欽佩不已，這點讓我難忘。在我繼而踏入整齊的英國鄉村花園時，園裡溫文儒雅、已經退休的男士直率的與我聊著天，但仍字字斟酌。總而言之，我發現在這世界很神奇的保留著舊時男性仕紳的那種英式風格：燈籠褲、格紋襯衫、背心、捲得整整齊齊的雨傘、彬彬有禮以及細麻布。就美學的角度來說，這與他們對手史塔西俗氣不已的平房、啤酒肚和人造材質的運動服相比之下，可說是大相逕庭。比起祕密國度，還不如說是個祕密花園。我也再次遇見那位在一九七九年與我在「河流之南」共進午膳而不慎讓我打消進入情報單位服務的人：他儒雅、睿智、擁有許多精采的故事，並散發出穩重的魅力。但我之後的探索，帶我離開這些祕密花園，進入「泰晤士屋」閃耀的白色門廳，通過一個大型美觀的盾形紋章——圖紋上呈現出一隻逞凶好鬥、夾帶著人魚尾巴的獅子盤踞在他們引以為傲的標語「捍衛國土」上方——再穿過好幾扇設有高度保全、隱約讓你回想起美國科幻影集《星際迷航記》的自動門。為了讓這段旅程的末了得以順利延伸，我還極其不願的同意「不得公開」對話的內容，也就是說，未來我不能寫出誰曾經和我對話。

結果教人挫折。一個已經毫無作用的祕密情報單位，其最大的優勢，就在於它的祕密已經不再保密——我們可以獲知史塔西的相關訊息。然而對於當今活躍的祕密情報單位來說，其麻煩則在於，他們對很多事情依舊保密。我那「河岸之南」的主人翁，就描述過他從事對抗蘇聯諜報行動的經驗，有如在漆黑之中拿起小打火機檢視一頭大象。如今我的感覺很像這樣。那些同意和我見面的人都很樂於提出自己的案例，但「公開」與「保密」往往相互牴觸，甚至在我們談話之際，他們都看似夾在兩者之間，左右為難。因此，我所揭露的一切，都只不過是火炬光下的匆匆一瞥：這裡是反光的側腹，那裡是帶角的象鼻。

對，東德確實是「棘手的問題」，軍情六處的男士如是說——我猜英國政府有時也已得知「友人們」所指為何。那些「友人們」是在蘇聯集團內的其他國家幹了不少好事，像是「幾乎包圍了」波蘭，但卻未比他人來得洞燭機先，預測到東歐將歷經真正的政治巨變。作為一名身在現場的記者，我的消息或許比他們還靈通些。不過，他們也確實取得了他方一些重要的官方機密，尤其是在軍事方面，這於是導致政策上有了細微卻又重大的差異。（英國前三任外相全都審慎的認同了這點。）

他們加入情報局的原因，你全都料想得到：神祕、好奇、熱愛冒險和旅行，還有一如我們父輩在二戰時所做的那樣——「報效國家」。工作可能會是非常無趣，你會在其他城市的後街暗巷來回行走，就為了尋找安全的會面場所，以及諜報祕密約定存取的地方（dead-letter box，又稱「死信箱」），有時你甚至會想「我他媽的到底在幹麼啊？」然後也有所謂的辦公室政治。不過大部分的工作都超屌的——我們的對話常常出現「屌」這個男性慣用的字眼。單位裡就有一名資深的退休男士回憶起人們常常會說：「我真不敢相信他們付錢叫我做這個。」這場遊戲就是這麼屌。

他們會比敵方更加謹慎嗎？呃，他們說，我們不會暗殺、綁架，寄送黑函則在少數。**道德**極為重要，一名資深的退休男士說道，我們所用的手法都是**道德的**。在這樣昏暗不明世界裡，使用「道德」這個字算是很重的。我猶記史塔西的艾希納上校曾經描述英國祕密情報局就「像紳士般的」，但他是和美國中情局與西德「聯邦情報局」（Bundes Nachrichten Dienst, BND）相對照之下，才會這麼說。在納入美國中情局在拉丁美洲的紀錄後，西德手法與東德手法兩者之間的道德界線就會變得比較模糊。

他們有個毛病跟別國很像。有一名退休職員向我描述起在某次授權下，祕密潛入一名可疑份子位於倫敦的公寓——他說「超屌的」——同時正有一名身穿制服的警察在那條路上站崗巡邏。他的敘述很離奇的讓我回想起自己才剛從瓦姆比爾博士那裡聽說史塔西曾經祕密潛入他在萊比錫的公寓。這兩方的退休職員都想讓我了解到他們的最佳特務常常都是志願人士——人們這麼做是出於他們自己的理由：個人的、政治的，隨便——而不是被人收買或者敲詐。這是一種對於交易的普遍認知。他們雙方幾乎用起一模一樣的字眼向我描述「特務」與「承辦官員」兩者私人關係間的特質。「那種關係很棒，」一位來自軍情六處的資深退休男士如是說，「你的工作、你的私人問題、你老婆，你們無所不談，而且還相當篤定雙方都會保密。」我瞥見了所有諜報活動中核心的自相矛盾：背叛的關鍵在於信任，而且讓那一名史塔西退休職員最自吹自擂的，居然是他從來就沒背叛過他的特務。

所以，是否不同的目的才足以讓相同的手段合理化呢？當你為自由國家效力，那就是好；而當你為獨裁政權效力，那就是不好？之於我們，這是對的；之於他們，這就是錯的。呃，在某一條界線之內，他們並不見得認為在國外為他國進行諜報活動就是大錯特錯。以專業角度來看，對他們而言，他方係屬「對方」，而非「敵方」。但若越過了這條界線，沒錯，那就端看你是為誰效力了。

這可是會一發不可收拾。有多少二十世紀的罪，尤其是那些共產主義下的罪，在口口聲聲喊著「只要目的正當，可以不擇手段」下，就能夠受到世人的認可，但我們實應詳加思索他們這樣的主張。舉一個極端的例子吧。史陶芬堡在一九四四年試圖暗殺希特勒，這是一項既偉大又高尚的舉動；而試圖暗殺邱吉爾則是既惡毒又錯誤的——即便嘗試這麼做的那個人可能表現出和史陶芬堡一樣的英勇無畏，甚至可能對自己這番正義的舉動感到深信不疑。相同的行動，不同的道德價值。

然而，不僅目的得是好的，手段也得和那些目的成比例。沒有什麼讓A合理化B的單一法則。每個案例不盡相同，每個案例也都有一條隱形的線。英國的情報人員是否跨到那條線錯誤的那一邊呢？是。但是錯到什麼程度，錯誤的頻率又有多少？倘若不一睹檔案的內容，我們這些圈外人是永遠不會明白的。然而，隨著記憶萬花筒持續轉動的同時，就算是過去那些圈內人，或者至今仍然身在其中的人，他們將來不是已經遺忘，就是再次想起。

倘若在冷戰時期，他們跨越道德的界線要比今日人們所認為的來得多、來得頻繁，那麼，我能夠猜到幾個理由。就算是在我這個世代，集體國人與家族對於戰爭的回憶，還有文學上所塑造出祕密士兵的樣貌，都在在為人們帶來啟發。就算我們對於「冷戰」談得不多，甚至再也不談，許多人依舊深信還有一種戰爭正進行著，說得更複雜一點，也就是那種戰爭正以和過去戰爭一模一樣的形式進行著。因此事物都是在戰爭時期，而非在和平時期，才會合理化。但你若介於戰爭與和平之間呢？再則，打從我們的心裡，我們多少都會認為「不論對錯，這都是我的國家」。但你的國家若是錯的呢？又或者，普遍來說是對的，但在某件個案上卻是錯的呢？

過多的道德推敲可能會帶來嚴重的後果。你無法在打架打到一半時，停下來參加一場哲學研討會，既然如此，你也只能接受日後的結果了。

無論我們如何評判自己國外的諜報人士——或者他國的——要評判本國的國安單位才是難度較高的。在此，目的和手段幾乎不可分割。暗中監視你們自己的國人，正是直接侵害國家理應捍衛的那種自由。這樣的矛盾不但真實，而且無可避免，只不過侵害的程度倘若過高，便足以開始破壞國家原先所想保存的。然而過不過高，又是由誰來斷定呢？

假如你百思不得其解，那麼，我可以告訴你：截至目前，我所瞥見有關英國祕密情報局的現象，絲毫都未顯示出它是一個宛如史塔西的機構。其一，沒有大量的人聽命於它。（軍情五處約有兩千名職員，額外兩千名屬於「特別分部」，然後分布在外的特務與線人共有一萬六千人——為了方便討論，這麼說吧，相較於史塔西每兩人當中就有一人，英國則是每四人當中才有一人。你也能夠得到一個數字，那就是在成年人口方面，相較於東德每五十人當中就有一人，在英國，約莫每四千人中才有一人。）其二，目標對象沒那麼廣泛。（史塔西毋須對付愛爾蘭共和軍：實際上，他們支持恐怖主義的人，幾乎就跟對抗恐怖主義的人一樣多。）其三，他們並未脅迫人們合作。（我檔案中線人的主要動機，只不過是想要取得出境許可。在英國，你就想像一下：「好了，伊凡斯先生，在我們讓你飛往西班牙布拉瓦海岸過暑假前，你也許只要告訴我們一、兩件有關瓊斯先生的事……）其四，他們不致引發恐懼。（我們會一臉懷疑的盯著酒吧裡隔壁桌的那個男人一直看嗎？有哪個在英國本地的人——我希望，除了恐怖份子和外國間諜外——真正對軍情五處感到懼怕？當我來自英國的線人「史密斯」嘗試向我解釋他認為史塔西是多麼渺小、相對也較無害時，他就曾經提到「它就像軍情五處之類的」。）

其五，他們所暗中監視的人之後不會有什麼不良下場。（在東德：那些人會遭學校退學，如「年輕的布萊希特」；遭雇主開除，如艾伯罕．浩夫；向你的孩子們報復，一如華納的遭遇；還有在遭到起訴之後，法院提前宣判你入獄服刑，一如瓦姆比爾博士。）其六，他們獨立於國家的政治體系。（史塔西在官方以「黨的盾牌與利劍」自居，而其首要任務，就是讓這個單一政黨永久執政。即便軍情五處的官員傾向右派，有些甚至還是極右派，這仍舊不會阻止「保守黨」與「工黨」這兩大政黨在民主體制下進行政黨輪替，輪流形塑出那個他們所服務貢獻的政府。）其七，他們確實並未在整個體制中占有一席之地。（史塔西不但是無所不在的祕密警察，到最後還要試圖讓整個體制持續運作。）

有些和史塔西對等的語詞相當的耐人尋味：讓人背脊發涼、吸引人、暢銷，卻也可以說錯得離譜。我想起自己在一九八〇年代曾和幾名左派人士——「米赫拉」曾記錄我把他們稱作「左翼友人」——有過爭論。他們曾呼籲英國的壓力團體「八八憲章」（Charter 88）從事政治改革，做起類似於捷克斯洛伐克人權運動的「七七憲章」（Charter 77），或者如英國《薩米亞特》（*Samizdat*）地下期刊所曾做過的事。我覺得，這就像在你自己胸前別上一小枚刻有

「英雄」的徽章，盜用了那些為了自身信仰，而甘願冒著入獄甚至死亡風險的人的榮譽。此時此刻，「七七憲章」的哈維爾再次入獄，「團結工聯」的耶日・波皮耶盧什科神父（Jerzy Popieluszko）也已遭到波蘭國安部門特工的恐怖暗殺。也許，所有這類字眼都逃脫不了在語義上遭受屈辱的命運。我就曾在當今的英國報紙上看到有人形容英國下議院（House of Commons）各大黨鞭「宛如是史塔西那一票人」。

不過，有一種相對性的謬論，那就是藉由和遠遠較差的事物相比，來突顯出我們的處境看起來較好。「媽咪，這麥片粥好噁心。」「孩子，想想那些非洲的孩子都沒東西吃吧。」我也很感興趣的發現，軍情五處處長瑞明頓女士就曾在公開演說中以史塔西當作對比。你若希望灰的看起來是白的，那麼就把它跟黑的放在一起。和史塔西相比，一切看起來都是如此美好。但你應與西歐其他諸國相互比較，那才是真正的比較。

在這樣的標準下，我發現了更讓人憂心的事。根據英國國家安全局本著冷戰後嶄新、開放的精神所發行的官方手冊，軍情五處的消息來源中，僅只有百分之三用於對抗一九九五年至一九九六年間的「反動勢力」。但我透過退休及現任官員得知，在一九七〇年代至少就有百分之三十用於對抗「反動勢力」。他們目前對於「反動勢力」的定義是，「企圖透過政治、產業或暴力手段推翻或破壞國會民主體制之行動」。但是，你若不先窺探他們，又怎能得知人們正企圖做些什麼呢？

他們可說是布下了天羅地網，不僅是針對大不列顛中的每一名共黨成員——想必也包括我的ＩＭ「史密斯」——還有堪稱是英國版六八世代的極左派團體，如社會主義工人黨（Socialist Workers' Party）、國際社會主義份子、國際馬克思主義團體（International Marxist Group，IMG）以及工黨內的激進派（Militant Tendency）等，同時手中也握有「常規戰役運動」（Campaign for Conventional Warfare，CND）與「全國公民自由委員會」（National Council for Civil Liberties，NCCL）領袖成員的檔案。

喔，他們說在多數案例中，那些他們所窺視的人都沒遭到不好的下場。甚至當軍情五處提出強而有力的證據，證實有一名國會議員遭到捷克斯洛伐克祕密情報局的收買、成了線人，英國法庭卻仍宣判他無罪，當庭釋放。這可是千真萬確，而且是重大的真相，但卻非全部的真相。有一種讓人相當煩惱的事，稱之為負面審查，或者是「正常」審查，也就是應徵某些工作的人，都會在毫不知情的情況下經過調案確認。倘若軍情五處說那些應徵人士有著安全上的疑慮，那麼，他們幾乎可以確定應徵不上這份工作——而且不會有人告訴他們應徵不上的原因。對於許多西歐國家中涉及官方機密的公職，或者舉例來說，承作國防契約公司內部的敏感職缺好了，這都算得上是正常程序。但類似ＢＢＣ這樣的組織似乎也會例行的把應徵者的資料送往軍情五處，以通過這類的祕密審查。

如今，我回想起一九七〇年代時，我有一位名叫伊莎貝爾．希爾頓（Isabel Hilton）的記者友人，她有好一段時間遲遲不肯公開ＢＢＣ蘇格蘭已經委派她擔任新聞播報員的消息，正是因為一如《觀察家》後來發現的，她在經審查過後的結果居然是負面的。於是我打了一通電話給伊莎貝爾，她則提醒我以下細節：實際上ＢＢＣ有一名叫作斯東漢（Brigadier Ronnie Stonham）的全職聯絡官，還有他是怎麼坐在ＢＢＣ廣播大樓的一〇五室裡，就這麼把案件送到軍情五處。對她最不利的證據在於，她顯然曾在一個安全無害、名叫「蘇格蘭—中國協會」（Scotland-China Association）的組織中擔任祕書，而若真要說，只不過是那個組織所走的政治方向和我當初在的「英中了解協會」有所不同。那次的負面審查並沒毀掉伊莎貝爾的職涯，實際上，她反而繼續做起遠遠更加有趣的事。但此事的重點，就在於從沒有人告訴過她這才是她沒取得那份工作的原因，也從沒有人給過她機會駁斥那些指控，又或者針對判決提請上訴。

但請記得，匿名的男士們這麼說，軍情五處僅僅提供建議，真正的決定權還是在雇主手上。這也是實話。ＢＢＣ的人們認同這樣的流程且不給予伊莎貝爾任何回覆的權利，這麼做的意義和祕密情報單位本身的意義是一樣的。他們為何認同這麼做？是不是因為英國在以往神祕的後帝制時期具有其潛規則，同時當局也保有謹慎合作的習慣，所以「事情就都是這麼處理的」？還有，或許因為他們在潛意識裡，仍隱隱約約的感覺到「還有戰爭正在進行，不是嘛？」畢竟，我們幾乎是直接從二戰進入到冷戰。一九四〇年代末期，甚至就連喬治·歐威爾都準備非正式的向當時任職於外交部半情報處的密友告發與他在政治上同路的共黨份子之時，英國才開始採行系統化的審查。但祕密審查的方式日後愈加確立，以致到了一九七〇年代，便延伸成如此荒誕可笑的極端手法。

即便軍情五處的官員並未認真的「策謀」推翻威爾遜（Harold Wilson）率領下的工黨政府，一如對其不滿的前任官員彼得．萊特（Peter Wright）在所著《擒諜記》（*Spycatcher*）中提過的那樣，但人人都同意在一九七〇年代，甚至橫跨至一九八〇年代的軍情五處裡，確實有著一些極右翼，通常還是大英帝國前殖民時期那類型的人。這些男士甚至用了「咆哮」這詞彙來形容那些人。那麼，有什麼防止軍情五處做得太過火的方式嗎？呃，匿名的男士們說，可以是「單位內整體的道德觀」、「我們的態度」和「我們這種人」之類的——這好似讓我看到了求學時代男舍監的影子。他們也同時受到內政部嚴密的監督，如電話監聽須經授權，攔截郵件和非法侵入也都得經過內政部長親簽批准。你能夠肯定的是，內政部也並不輕鬆。

或許吧。就連彼得．萊特也多少證實了內政部審查的嚴謹態度。只不過，軍情五處真的恪守這樣的原則嗎？這樣在經過內政部一群小伙子與內政部長或首相這些終究都是黨內政治人士的人偶爾確認之後，另一群小伙子在乍看之下便也覺得「合理」、「得宜」的原則？今天你若從一只毛料的邊角開始拉線——即便那可是英國最棒的精紡毛料——但待你拉到最後，那也只不過成了一條普通的細線罷了。

重要的在於這些習慣與態度。少了這些，法律和國會的監控也就毫無保證可言。但我們為何就是無法兩者兼備呢？

自從這世界在一九八九年改變以來，事情也就跟著變了。我們最終擁有了法律規範個人服務、部門長官、得以申訴的裁判庭以及國會委員會，政府也同時採取了小心謹慎對外開放的態度。依據新規定，人們須經告知他們是在何時遭到審查。對此，我的印象是「管理得更好」還有「更具備專家水準」了。我很肯定，軍情五處大部分的工作是在對抗類似愛爾蘭共和軍的炸彈客、其他的恐怖份子、外國間諜等重大威脅，如今他們還要對抗起組織性犯罪。而自由之下所隱藏的真正危機在此：一邊譴責我們的情報員和密探，一邊卻又享受著他們所協助提供的這份安全。吉卜林就曾在〈士兵〉（Tommy）一詩中提到「嘲笑起在你酣睡時穿著軍服、守護著你的那些人」——但是情治單位的這些士兵可沒軍服穿。

然而，在因史塔西的經歷而變得敏感，又或者變得過度敏感的同時，我也發現仍有事情令我擔憂。我開始與資深的現任官員聊起這些新法與國會的監控形式。「你用了『監控』（control）這字眼，」他說，「我傾向是『合法批准』（validation）。」軍情五處決定什麼才是國家安全的重大威脅，其他單位則是透過法律程序，確認並批准其所排定的優先順序罷了。這樣的做法正確嗎？

這些男士默默的顯露出一種權力，這種權力「來自於」、「一向來自於」、「將來一定也來自於」得知機密的消息，並得以藉由新科技予以強化。我們談話時，我暗中監視著——我用了可能較為妥適的說法——辦公室角落一個非常大的電腦螢幕。一般我孩子蘋果桌上型電腦中的圖像，都是諸如「碟形世界」（Discworld）、「模擬城市2000」（SimCity2000）

和「百戰小旅鼠」（Lemmings）等等那類的電腦遊戲標題。但此時他們辦公室螢幕上的圖像甚至比我方才所說的圖像更讓人印象深刻，於是我心想，不知他們都是玩些怎樣的遊戲？

我很快就猜到訊息全都會存在電腦裡。早期上流社會中都會有初入社交界的年輕貌美女子在軍情五處的登記處閒晃，而當時那些曾被她們興高采烈的給緊緊攢在手裡的紙本檔案——我們曾在書裡讀到過的——如今都到哪裡去了？總之，我想要了解更多有關軍情五處的檔案，那些曾被史學家和祕密警察視為珍寶的檔案。

首先，他們擁有多少檔案？

回答：幾十萬吧。

對我而言，對一個自由國家來說，這數字似乎高得可怕。（這還不包括「特別分部」所收藏的個人資料，據說那可涵蓋了高達兩百萬人。）

為何這麼多？

呃，請務必切記，在冷戰期間，他們試圖要持續監視國內的每一名共黨份子，還有幾乎每一名俄國人，那可是不少人吶，然後還有愛爾蘭人和其他恐怖份子。喔，對了，約莫有五分之一的檔案屬於「非敵方」人士，也就是那些各式各樣的友善聯絡人。

再則，這些檔案中只有一小部分在當時積極派上用場。有關何時開放檔案，還有可以開放多久，他們都訂有嚴格的規定。實際上，他們採行一種「紅綠燈」制度：綠色代表積極調查，黃色意味著你並未積極調查，但遇到什麼就加上，紅色檔案則是封存。

沒錯，但紅色檔案實際上並未銷毀，對吧？

對。

那他們會用在審查上嗎？

呃，會。但許久前在政治上所犯下的一些小過失的紀錄，並不會讓他們在現在把你評估為具有安全上的威脅。

外部單位是否仍然可以找上軍情五處，要求審查他們的求職者？

可以，但只有那些在政府批准名單上的「顧客」才行。

那ＢＢＣ還在名單上嗎？

之後的回答霎時變得曖昧不明。

我在此重複，這些在小打火機火光下的匆匆一瞥，真的就只是匆匆一瞥。在此，我早就知道，我不可能真正弄清楚、搞明白的，除非英國就像東德一樣垮台，而我肯定不願此事發生。但我的確為了自己做了一次小小探索。我透過自己的史塔西檔案來到此地，很自然的會想知道軍情五處是否也有我的檔案。我並不指望真會找到，但我既然來了，那麼也就姑且一問吧。

「你們手上有我的檔案嗎？」

停頓片刻，深吸了口氣。一名男子在公開與保密之間遊走，難以抉擇，接著說道：「既然你都問了——有，我們有。針對你，我們有所謂的『白卡檔案』（white card file）。」那意味著非敵方人士。

他們還記錄我「協助過ＳＩＳ（軍情六處）」。

這下子我驚呼，我可沒**協助**過ＳＩＳ啊。年輕時，我是差點加入，但我之後決定不加入了，就這樣啊。

我提到最近曾有人短暫的找過我，那會不會是軍情五處的人？「不，是那一頭的人。」他說，並望過泰晤士河，朝對岸ＳＩＳ綠色玻璃的總部點了點頭。然而，有關那件事情的紀錄，也會和我在一路來到這裡所曾進行過的幾段對話內容，一同被放進檔案裡。

但，他說，這可是他第一次告訴別人他們手中握有他的檔案，而他似乎已經開始對自己透露了這點憂心忡忡。在如今這麼開放的風氣下，他是否透露了太多？

順帶一提，我引用了我在之後所隨即記下的筆記內容——對於自己和「米赫拉」、克拉奇將軍與所有其他人的對話，我也都是這麼做的。只不過，在這件事上，我深信就算我並未在他們一塵不染的咖啡桌上看到任何一台錄音機，但和我對話的人手中也仍會握有這段談話的完整紀錄。

如今，試想我擁有的可是「非敵方人士」檔案。要是他們都已經針對伊莎貝爾·希爾頓曾於「蘇格蘭—中國協會」擔任祕書一事給予負評，難道他們就會告訴「英中了解協會」成員的我有關檔案的事嗎？

「呃，一般我們不會告訴任何人……」他一本正經，似笑非笑，「除了剛剛告訴過你以外。」

但如果我是美國人，我可以在美國《資訊自由法》（*Freedom of Information Act*）的保障下，申請調閱我聯邦調查局（ＦＢＩ）的檔案。為何在這不行？

呃，是不行。首先，那會一口氣讓軍情五處的預算加倍。美國人已經發現這麼做可是大工程。（所有那些篩選、複製和塗黑——這讓我聯想到高克機構裡三千多名的職員。）

但美國人有錢啊。（在此，他低聲說著，語氣上帶點憤恨。）

然後，因為愛爾蘭共和軍、國外恐怖份子和其他敵人甚至可能會從他人的檔案裡取得軍情五處是如何運作的寶貴線索，所以開放民眾調閱可以說是困難至極。（我想：沒錯，或許這是真的。）

那麼比較老舊的檔案是否可能提供給史學家作為參考史料？

呃，就算是那樣也有困難。那樣會開了先例，供出我們作戰方法的線索。儘管如此，他們依然嘗試協助，盼能開放一些一戰以來的檔案。

稍後，在討論一些較為普遍的問題之後，我直截了當的問道：我能否調閱我的檔案？

不能。

為何？

因為那歸英國皇室所有。

在多數國家中，你是無法看到國家安全局針對你個人所做的檔案，但，會有哪個地方丟給你這樣的解釋，說那是因為皇室啊?!

他們又給了幾個理由，說這有可能會開起先例，也可能會危及到隱蔽的消息人士。但他們還能是誰——隱蔽的消息人士，針對我的？肯定不會是同事或朋友吧？肯定。那麼，有沒有可能是管他哪裡的大使館中那些友善的英國「外交官」所補充的報告內容？又或者，舉例來說，當我在一九七九年決定不加入SIS，一直到他們在一九九四年又找起我的這段時間內，實際上我檔案裡的內容不是少之又少，就是根本啥都沒有？

總之，另一個男人連忙補充說道，開放那些友善聯絡人的檔案也算是一種單純的禮貌。因為要是有人來電，而我們居然想不起來他是誰，那不是挺糟的嘛？

英國人何其可怕：「老兄，我們的確開放了你的檔案——純粹基於禮貌。」

搭乘火車返回牛津的途中，我質問自己。我感覺如何？首先，對於這次調查出乎意料的成功，我很滿意。為什麼？要是那個人可以信任，那麼我或許就是全英國有史以來第一個僅是開口問問就得知自己擁有檔案的人。同時，還有生氣，氣他們至今還在監視我，不論那種監視是何等的微不足道。再則，還帶了點惱怒。他們過去對我所做的要是「敵方人士」的檔案，那麼，那會是多麼乾淨俐落。然後，有人就可以說：「你看，史塔西和軍情五處都在跟蹤我耶，我鐵定是個多才多藝、無所畏懼的異議份子！」（有不少自吹自擂的人都一直圍繞著祕密檔案打轉。）但人生可不像這樣，至少大多數的時候不是。人生可是複雜得多。過去的不會就這麼過去。多年後，某一件你年輕時所做、幾乎都已經忘得差不多的事便會浮現腦海。或許你在某處有個孩子，他認別人作父親一路這樣長大成人。又或者是一份檔案，它也會長大，而你不會知道。

倘若英國真的對外開放檔案，有多少英國人會感到驚訝？祕密檔案製作人的確是用著他們自己特殊的光來看待事物。我這一生中，從來就沒意識到我「協助過」軍情六處，但，如今，我卻被告知自己就是被歸屬在這個類別。接著，我想起那些在檔案一開放時，便發掘到史塔西過去曾把他們當成友善聯絡人、甚至線人而建起檔案的東德人。有些人僅僅假裝並不知情，或者把回憶深深埋在心裡。但有些人是真的毫不知情；他們都是無辜的。

有那麼一瞬間，我想像著「米赫拉」轉身對我說著：「欸，你看，你們自己的國家安全局都把你當成英國的ＩＭ了！」沒錯，這真是胡扯。她所做的，是和某個她所認識的祕密警察官員定期談話，又漫長又仔細的說起有關同事、友人與家人的內容，但我可沒這麼做——而且，無論如何，就算我過去曾「協助過」軍情六處，這也和她的狀況並不相同。協助一如英國這樣民主政體中的對外祕密情報局去對抗一如東德那樣的獨裁政權，明顯有別於向那樣獨裁政權下的當地祕密警察進行密告。但我倘欲如實描寫，那麼我就得開放面對那樣荒謬可笑的比較。

我從帕丁頓搭上五時二十分出發的火車時，我持續著這樣的自我質問：難道你真希望自己在檔案裡被記錄成「敵方人士」？你是否認真的企盼過自己所擁有的，是那種你所信仰的政治理念，而不是那種你過去曾經擁有、如今也依然擁有的自由政治？一如史塔西檔案在開場報告中對我所做出的適切評斷——「資產自由」，你終究是支持這個體制的，對吧？這全都是國會民主的錯，「對」，馬上就會有人這麼回答。我是支持這個體制，只不過，我是透過我自己的方式。

有人說，很多間諜多少都有些作家的影子，而很多作家鐵定也都有些間諜的影子。自由國度中的當地間諜就是活在這樣高度專業的矛盾之下：他們侵害我們的自由，以保證我們的自由。而我們則是面對著另一種矛盾：我們藉由質疑，以支持著這個體制。我便是如此。

第十五章

一九九六年十二月，我回到房間，這段旅程畫下句點。舒茲女士桌上老舊的硬紙板資料夾已經變成我眼前電腦裡的「文件」檔。我右手邊有杯咖啡，就在滑鼠旁。冬陽透過百葉窗流瀉而入。我轉了個圈，開始思考。

我調查起史塔西對我的調查，這帶領我回到過去，一路經過詭異的側邊巷道和滿是荊棘的路徑，返回到許多遙遠的過往：他國的、他人的，還有我自己的。多年來，我一直都對中歐看似無窮無盡的記憶容量感到好奇——也就是那種容納「遺忘」的空間。當某個像是奧地利前總統華德翰（Kurt Waldheim）的人在受到一連串文件或證詞緩慢又痛苦的「提醒」，他「這才想起」他過往的所有片段時，我們這才發現到自己只是一次次的冷眼旁觀，而且心存懷疑。

如今，去發掘我究竟已經遺忘了多少自己的人生，這才是讓人煩惱的。甚至今天我手上已經握有這份鉅細靡遺的紀錄——檔案、日記、信件——我都還是只能朝著「透過想像去重建起那過去的我」一路摸索著。一如勒南理念下的國家，每個個別的自我，都是透過「記憶」與「遺忘」的不斷糅雜所建立而成。但我要是就連十五年前的自己是怎樣都想不起來，那麼，我又怎麼可能撰寫出他人的歷史呢？

那個拖著沉重的牛津鞋、吃力的在柏林四處跋涉的年輕羅密歐是誰呢？一如舒茲女士，人人都嘲笑這個代號。馬庫斯·沃爾夫過去曾派史塔西特務前往伯恩引誘孤單寂寞的書記官，而西德記者向來就是用「羅密歐」來稱呼那些特務。但那是對羅密歐的一種扭曲。真正的羅密歐，莎士比亞筆下的羅密歐，既不是西班牙的唐璜（Don Juan），也不是義大利的卡薩諾瓦[1]（Casanova），更別說是某個無聊的東德版詹姆士·龐德。他不是憤世嫉俗的色鬼，而是個年輕的浪漫人士：他熱情、善良、充滿理想，同時也惶惑不安。

說來奇怪，這麼一來我這代號——我仍堅持這可能是取自我那輛愛快羅密歐——取得還挺貼切的。我是浪漫，但不僅止於愛情這方面。一如羅倫斯·丹普斯諷刺地評述過，浪漫主義可能會是危險的。浪漫人士可能會因試圖協助而輕易受傷，一如羅密歐為其友人馬庫修（Mercutio）所做的——試圖阻止他與提伯特（Tybalt）打起架來。還是說，浪漫人士也可能基於想要冒險，做出些損人利己的事，又或者一古腦兒的幹起壞事。

即便東德檢察官鐵定會主張我正為「外國組織」——這四個字就涵括在《刑法》第九十七條刻意寫得不清不楚的條文裡——蒐集情報，但我並不可能冒著明定判處「至少五年以上」有期徒刑的風險，更別說是在面對「情節重大者」時所可能判處的死刑。到了一九八

○年代，我最後所經歷的正是他們用來對抗次要敵人的普遍手段，那就是驅逐出境。但我很有可能已經對我所見過的人帶來更重大的傷害，例如華納，他們依據《刑法》第一百條對他進行調查，因該法條明文規定，協助經確定已經觸犯第九十七條的人——這裡指的就是我——即等同犯法。檢察官可就本案求處一至十年不等的有期徒刑。

至於我對於「團結工聯」與中歐反共產主義異議份子的支持，呃，因浪漫的參與了一個遙遠國度的政治抗爭——無論是古巴革命核心人物切．格瓦拉所率領的游擊隊、越共成員、西班牙內戰的任何一方，或是在歐洲對抗法西斯主義的共黨份子——而走偏了的男男女女，他們所殘存的道德規範，正點綴起這二十世紀的歷史。看看被維也納的莉姿牽著鼻子走的金．菲爾比，或是最後成了史塔西線人的R女士，年少時的理想主義很可能會演變成這樣的下場。

我何其有幸，有幸生於這個國家、享有特權的背景、父母健在、受過教育、交到詹姆士和華納這樣的摯友、覓得我的茱麗葉並選擇了這一行，而我的事業也替我帶來好運，因為中歐對抗共產主義可說是一件大事。要是我早幾年出生，那麼我也許會支持紅色高棉[2]對抗美國人；要是我生於東德巴德克萊嫩的一戶窮苦人家，我也許就會成為溫特少尉。

一九三九年，湯瑪斯．曼寫了一篇名為〈希特勒弟兄〉（Brother Hitler）的大作。曼在

1 兩人皆以風流多情著稱。
2 又稱「赤柬」，意指柬埔寨共產黨在一九七六年至一九七九年間於柬埔寨進行血腥的極左統治。

自詡為「藝術家」的阿道夫．希特勒中，發掘到他自己在反思之際所視之為藝術氣質的某些要素。他說，就這方面而言，他不得不承認希特勒是他的「弟兄」。我則是無法勸服自己管那個擔任IM「羅密歐」、向史塔西密告且如今擔任「後共黨份子」媒體代表的男人叫「羅密歐弟兄」。但我可以理解我檔案中的每個線人，也可以理解那些官員，甚至是克拉奇，因為當他們在訴說自己的故事時，你都可以清楚的看到他們是怎樣在不同的時間點、不同的場所以及不同的世界中一路走來，做著那些他們所曾做過的事。

在這裡，在檔案裡，你發現到我們的所作所為是如何深深的受到周遭環境的影響。盡數人類的心智，承受了**何其之多**律法或王權所能造就或療癒的部分；你也發現到這當中少了惡意，卻多了人性的軟弱，堪稱是人性弱點的綜合選集；然後當你在與那些當事人談話時，你更發現其中少了刻意掩飾的欺瞞，卻多了我們對於自欺欺人近乎無窮無盡的包容。

在這次的探索當中，但願我曾遇到過那麼一個邪惡無比的人就好了。但他們都只不過是在環境與自欺的形塑下，才變得無比軟弱罷了；人性吶，這一切都是人性。只不過概括了他們所有的行為，便成了罪大惡極、十惡不赦。人們常說，從未面對過這些抉擇的我們，永遠都不可能知道，當我們處在他們的立場時，我們會怎麼做，或者當我們身處另一段專制獨裁的政權下，我們又會作何反應。這段話真的很有道理。所以，我們憑什麼譴責？同樣的，我們又憑什麼原諒？「不要原諒，」波蘭詩人赫柏特如此寫道：

不要原諒，因為你真的沒有權力
代表那些在破曉時分遭到背叛的人們原諒

這些史塔西官員和線人曾經讓人受害，而唯有那些受害者，才有權原諒。

這件檔案是份大禮。我在闔上檔案時，也帶走了「彷彿」原則的新版本。東德異議份子的「彷彿」原則起初是這麼說的：試圖在這樣的專制獨裁中活下去，彷彿你就身在一個自由的國度！彷彿史塔西並不存在。而我個人新的「彷彿」原則恰好相反：試圖在這樣自由的國度中活下去，彷彿史塔西一直都在監視著你！想像一下你太太或你最好的朋友正讀著你上個週末夜向另一名友人說起有關他們的事，或是你上週在阿姆斯特丹做些什麼的史塔西檔案紀錄。面對此事，你有辦法毫不尷尬然後繼續度日嗎？我所指的不是很誇張的尷尬，但有點尷尬會是在所難免，因為這就是所謂「人性的曲木」[3]。

是什麼讓一個人成了史陶芬堡，而讓另一個人成了史畢爾？過了二十年，我有點越來越接近問題的答案了。是明確的價值制度還是信念？是原因還是經歷？是純然的身強體健，還

---

3 crooked timber of humanity，出自康德的名言：「人性的這根曲木，絕然造不出任何筆直的東西。」（Out of the crooked timber of humanity, no straight things was ever made.）此觀念與中華文化裡傳統法家的「人性本惡」相近，意指人基本上都是罪惡的，罪惡隨時蟄伏在內心良知的深處，何時出現不得而知。同時亦指人性有其缺陷，不甚完美。

是體弱多病？還是深植於家庭、社群、國家那堅不可摧的根？這既沒什麼簡單規則，也沒什麼單一解釋。只不過，當那些替祕密警察工作的人對我說起他們的人生時，我一次次的感受到關鍵就在於他們的童年。舉例來說，我認為里塞少校的母愛拯救了他，但讓已為人父的我最為動容的，則在於父親那部分。

這在德國戰後顯而易見。沒了父親：征戰沙場，服役身亡，或被關進了某處的戰俘營。有人的父親是納粹，有人的父親是納粹的受害者。納粹與戰爭在人們心中所殘留的痕跡，讓這些候選人做好下一輪專制獨裁的準備。接著，在介於童年與成年之間脆弱的那些年裡——羅密歐的年輕歲月裡——他們於是被逮個正著。

有時，應說實際上，史塔西常常就這麼成了代理父親。你受邀進入首長辦公室，他為你引見了一名長者，其身分顯赫、鼓舞人心，同時還是退役軍人。這名老人訴諸於你的愛國情操、年少時的野心還有對於冒險的渴望。承辦你案子的官員成了你未曾謀面的父親。邪惡的力量並不會局限在單一曲調。一如《魔王》（*Erlkönig*），亦即舒伯特為歌德的同名詩作譜上樂曲、其中最精采那一幕中的精靈王，便是透過許許多多的偽裝及各式各樣的誘哄進行邪惡的召喚，如美妙的音樂、鮮豔的花朵、金色的長袍以及精采的遊戲。

如今我已為人父。再過幾年，隨著本世紀邁入尾聲，我自己的兒子就要踏上童年與成年之間那段危險之旅，各自前往屬於他們個人的柏林。很幸運的，他們將毋須面對過去那麼多歐洲人在這腐化的二十世紀所須面對的極端選擇：要成為史陶芬堡，還是史畢爾。但他們還是會面對許多次要的選擇，而精靈王也將在路旁的陰影下等候他們。

那麼，如何使他們為這段旅程做好防備呢？不像那些經史塔西聚集起來的迷途孩童，他們將在馬鞍下擁有一袋袋的愛，一邊是父親的，一邊是母親的。但那樣就夠了嗎？他們也將擁有教育，以及對歷史、國家與信念的了解。我的那些史塔西官員，他們狹隘的在如此貧瘠、遭人侵占的土地上成長，之後更遭到一牆之隔，根本就不了解從何去質疑這個他們被灌輸已久的世界觀。

沒錯，在更加了解之後卻仍因為他人所想、所做都與你有別就持續進行迫害，這也是不無可能，但無論如何，可能性較低。我從柏林的另一面——他不是一座城市，而是一名哲學家——學到了一課。我們在辨識出人類文化的多樣化、看透人們所追求的目標無從一致後，我們也就能夠認可個人的方向與信仰有其相對性，如此一來，也就帶來了包容。但在以賽亞·伯林大作的結尾中，他引述了另一名作家的話：「了解到個人信念相對的正當性、繼而堅定無畏的與他們站在同一陣線，這才是區分出文明人及野蠻人的關鍵。」

這部分就比較難了。我們能夠透過什麼管道，以得出那些是與非的標準，足以挑戰——如有必要——那個我們一路成長都認為是對的體制，同時對抗如今早已根深柢固的規範性權力？我們又能上哪兒找到「堅定無畏」，甚至不惜犧牲生命而捍衛起這些價值的勇氣，要是我們向來知道那些都只不過是相對性罷了？而我們又該如何把不僅是這些價值，還有勇氣，傳授給我們的下一代？

我在電腦的光碟驅動器放入ＣＤ，然後點了螢幕上的「播放」鍵。我從文章後方不知哪裡的喇叭聽到樂曲內容之後，便打字記錄下這聲音是來自男中音費雪迪斯考，他在一九五八年，也就是冷戰高峰期，吟唱了舒伯特這首最偉大的黑暗歌曲，並錄製成這張ＣＤ。有哪一位父親在聽到這首曲子能夠不為所動呢？

那位父親在暗夜中駛過狂風，將孩子緊緊的擁在懷裡，為他取暖。他的嗓音渾厚堅定。後來，精靈王從暗夜裡現身，透過如此美麗的字句召喚著孩子：有關那些鮮豔的花朵、金色的長袍和精采的遊戲，有關他的女兒們將會扶養你長大、與你共舞，並唱起睡前的搖籃曲。而你要是不情願嘛——嗓音頓時變得刺耳——那他就得訴諸武力。在樂聲中一貫的威脅恫嚇下，那孩子哭喊著：「父親、父親，他抓到我了！」為了親愛的孩子，父親快馬加鞭，最後返抵家中。那嗓音逐漸減弱，近乎無聲：「在他懷裡……那孩子……已然死去。」

我在電腦中儲存了名叫「羅密歐」的檔案，關上門，朝兒子們走去。

後記

本書初次付梓後的十二年中，史塔西已經成為全球恐怖祕密警察的同義詞。「希特勒是德國最佳的出口品」，一名德國評論家曾這麼說過，但史塔西可說是緊追在後。「史塔西」和「納粹」如今都會被人們拿來相提並論，而且在英文中，這兩個字幾乎還押韻（Stasi and Nazi）。

民主德國過去不願掩蓋事實，致力於揭露德國在二十世紀兩度產生了專制政權的所有事實，堪為他國表率，但諷刺的是，這麼做卻也導致世界全都證實了德國曾經有過邪惡的另一面。這或許也堪稱是史上最即時也最審慎的專政獨裁檔案紀錄。然而，史塔西已經一步步的走過歷史，成為某種近乎於迷思的東西。

對許多我所遇到過的人來說，觀看《竊聽風暴》（*The Lives of Others*）這部電影算得上是記憶轉折中一個很重要的階段。我曾在別處撰寫過該片的相關內容，在此不再重複[1]。那是

1 詳見拙作《事實即顛覆：無以名之的十年的政治寫作》（*Facts Are Subversive: Political Writing from a Decade Without a Name*）中〈我們腦海中的史塔西〉（The Stasi on Our Minds）一文，印刻出版，二〇一六。

一部精采絕倫、引人入勝同時也相當有用的電影，但它顯然旨在把東德給推上好萊塢的舞台。在此，我想要大家注意的是，「真實」都是再平庸也不過的。猶太裔德國政治理論家漢娜．鄂蘭（Hannah Arendt）曾經提出「邪惡的平庸」，主張最極致的邪惡，乃出自最平庸的人之手，這片語本身相當老套，卻又涵蓋了一種必要的警示。邪惡通常是不會穿著皮靴、拿著鞭子出現的。

總之，結果是：如今你在世界任何一個角落和某個人說起「東德」，他們的反應——若有反應的話——很可能會是史塔西。這種認知上的聯想既分布得如此之廣，又是如此下意識的，以致我有時真想提出異議。一九七九年，當許多西歐的觀察人士不是貶低史塔西，就是忽視史塔西的時候，我都感覺到有股力量驅使我堅持這點：東德仍舊是個祕密警察國家，而且你可別忘了史塔西！二〇〇九年，我想要說的則是：沒錯，但東德不僅是史塔西這麼簡單。

本書是我在往返英德之間所寫成的。故事中德國的部分，我沒什麼要補充的。在某一方面，我希望我有。我依然想和海因茨．約阿希姆．溫特談談，也就是那個最直接參與編撰我的檔案，同時也是唯一婉拒和我見面的史塔西官員。二〇〇九年年初，我正引頸期盼柏林圍牆倒塌滿二十週年紀念的同時，我再次透過老友華納（也就是「山毛櫸」）試圖與他聯繫——在史塔西的術語裡，這就叫做「嘗試接觸」（Kontaktversuch）。電郵裡，溫特引用起他「北德國人的固執」還有「過了二十年，記憶著實逐漸模糊」的事實，有禮卻堅決的拒絕了我。也許到了二〇二九年，若是我北歐人的固執最終磨蝕了他北德國人的固執，那麼我們兩個老人就會在某家冷清的咖啡廳裡面對面坐著，然後發現到我倆啥都記不得了。也或許到了那時，「記憶」這個人人腦海中的小說家，將會圓滿的把質變[2]後的事實化為文字，變成小說。

他在郵件裡的題外話談及了一件我並不知道的瑣事，也就是他回想起國家安全部部長埃里希・梅爾克對於我最初那本在西德最大新聞雜誌《明鏡》所連載有關東德一書中的某一段落，感到是「對他個人的侮辱」，因此不再「希望得容忍我現身東德」。所以，當我檔案中由溫特少尉在一九八二年一月六日所簽署的內容寫著我不僅是禁止入境東德，「奉同志部長之命」，我也不得藉由在西德與西柏林之間中轉入境東德時，如我所料，這不單純是官僚體制下的繁文縟節，也有出自於個人的因素。好。我真希望同志部長能夠讀到我刊登於《明鏡》上的書摘，那麼這樣就可以徹底搞砸他吃早餐的興致，只不過梅爾克已經去世，一切也都成了過往雲煙。

至於本書中的英國部分，我則是希望自己沒有什麼好補充的——但很遺憾的，我有。因為，如今你若在英國看到「史塔西」這字眼，那多半都是出現在評論曾是全世界最自由的國家之一是如何腐蝕著文明自由和個人隱私的文章裡。二〇〇九年初，在一場「近代自由大會」（Convention on Modern Liberty）激勵人心的聚會中，英國民權組織「自由」總幹事沙米・

---

2 Transubstantiation，源自於羅馬天主教的觀點，此論說認為當主持聖餐的神父為聖餐祝禱時，餅和酒即真正變質，成為主耶穌自己的肉體和寶血。

查拉克巴蒂（Shami Chakrabarti）在「英國人的自滿」與「有著納粹與史塔西記憶的歐陸人民的態度」——摘自該大會官網記錄其談話的逐字稿——兩者之間進行對比。（坐在聽眾席上，我聽她說起「納粹與史塔西」時，那押韻近乎完美。）有篇刊登在《金融時報》（*Financial Times*）日記之類的內容，報導著前英國國家安全局局長同樣發出警告，指出英國正面臨成為警察國家的危機，而且那篇文章的標題就是「史塔西國家」。我們毋須多加解釋。人人將來自會明白。

除非他們異常愚蠢，或者十分偏執，不然人人也都非常清楚英國本來就不是史塔西國家。但自從本書在一九九七年，也就是在新工黨（New Larbour）執政那一年首刷後，有兩派發展終歸提出了這警告背後的真正原因。有一派是科技發展派，另一派則是政治發展派。就科技上來說，這些發展包括電腦資料庫、閉路電視監視攝影機（CCTV）、個人電郵、網搜紀錄、手機通話紀錄與追蹤、健保卡與信用卡歷史的電腦化、政府的DNA資料庫、生物測定指標、臉書和MySpace這類社群網站上的個資、精確定位的衛星攝影、微型與超敏感的指向性麥克風（directional microphone）——我還要繼續說嗎？在現代所謂的「資料探勘」或「真相挖掘」中，聚集起以上資源，國家及私人公司便有可能監視且入侵你的、我的還有每個人的私生活，而這正是梅爾克作夢也想不到的。想像一下史塔西會利用這些來做什麼吧。所以，科技監控的**潛能**也就與日俱增。

政治上，英國政府原先便已暗中使用上述這些科技，並明確地限制個人自由，如未審即拘、箝制自由言論，以及將侵害個人隱私合法化等，尤其在紐約、倫敦和馬德里遭受恐怖攻擊之後，英國政府更以「加強國土安全與國人人身安全」為名，將上述手段加以擴充、延伸。在其他方面，我們也看得出這種將安全置於自由之上的傾向，例如基於「健康與安全」，儼然把成人當作孩子、把孩子當作嬰兒而加諸於人民身上那些瑣碎又可笑的規定。其他的自由民主政府也曾踏上這樣的路，只不過從一九九七年以來，很少政府走得像英國這麼快、這麼遠。一如我在第十四章中所寫到的，當我為了本書而與時任軍情五處處長談話時，我問起該處究竟握有多少英國居民的檔案，他回答：「幾十萬吧。」我心想，他們如今不知還握有多少。

英國反恐策略建築師大衛．歐蒙德（David Omond）爵士主張，要對抗近代恐怖主義及組織性犯罪，藉由「監視與調查的侵入性手法」監控那些不僅是疑似已經犯罪或者準備犯罪的人，還有那些毫無任何嫌疑的人，都將會是不可或缺的。英國以往的官僚體系曾經不當使用並遺失他們所蒐集到的國人個資，如今有著這樣不良紀錄的它，將把大衛．歐蒙德爵士所主張的一切付諸實行。

三十年前，當我前往東柏林生活時，我很肯定我是從一個自由的國度邁向一個不自由的國度。我想要我的東德友人享受到更多我們所擁有的。現在他們做到了。實際上，相較於英國的我們，東德人士如今得以讓自己的個人隱私更加妥善的受到國家的保護。正因為德國的立法人士與法官清楚了解生活在史塔西國家還有更早先的納粹下曾經是怎麼樣的，所以相較於把這些都視為理所當然的我們——也就是英國人——他們則是更戒慎恐懼的予以守護，唯恐失去。一旦你病倒了，你才會珍視健康。

我想再次強調：英國當然不是史塔西國家。我們擁有民選的代表、獨立的法官還有自由的媒體，我們得以透過他們，甚至偕同他們，削減這些過當的行為，而史塔西如今若是發出警告的鬼魂、要把我們嚇得採取行動，那麼它終歸是做了些善事了。

提摩西．賈頓艾許

二〇〇九年三月於牛津

LINK 27

檔案——一部個人史

The File: a personal history

作　　者	提摩西・賈頓艾許（Timothy Garton Ash）
譯　　者	侯嘉珏
總 編 輯	初安民
責任編輯	宋敏菁
美術編輯	林麗華
校　　對	吳美滿 宋敏菁
發 行 人	張書銘
出　　版	INK印刻文學生活雜誌出版有限公司 新北市中和區建一路249號8樓 電話：02-22281626 傳真：02-22281598 e-mail : ink.book@msa.hinet.net
網　　址	舒讀網 http://www.sudu.cc
法律顧問	巨鼎博達法律事務所 施竣中律師
總 代 理	成陽出版股份有限公司 電話：03-2717085（代表號） 傳真：03-3556521
郵政劃撥	19785090 印刻文學生活雜誌出版有限公司
印　　刷	海王印刷事業股份有限公司
港澳總經銷	泛華發行代理有限公司
地　　址	香港新界將軍澳工業邨駿昌街7號2樓
電　　話	(852) 2798 2220
傳　　真	(852) 2796 5471
網　　址	www.gccd.com.hk
出版日期	2018年3月　初版
ISBN	978-986-387-235-1
定價	350元

The File: a personal history by Timothy Garton Ash

國家圖書館出版品預行編目資料

檔案——一部個人史／
提摩西・賈頓艾許（Timothy Garton Ash）著.
侯嘉珏 譯. --初版. --新北市中和區：INK印刻文學,
2018. 03 面； 14.8 × 21公分. --（Link：27）
譯自：The File: a personal history
ISBN 978-986-387-235-1（平裝）
1.賈頓艾許(Garton Ash, Timothy) 2.回憶錄 3.情報戰 4.國家安全
599.7343　　107003662